R を使った

〈全自動〉統計 データ分析ガイド

フリーソフト js-STAR_XR の手引き

田中 敏 著

北大路書房

はじめに

　統計分析ソフトの最終形は「おそらくこうなるだろうな」と思い作ったのが，js-STAR_XR（ジェイエス・スター・エックスアール）です。X は今回の js-STAR が通算バージョン 10 に当たることを表します。また XR は世界的に普及している統計分析システム R との連携（js-STAR × R）を意味しています。js-STAR_XR はデータに合わせた R プログラムを自動的に組み上げ，誰もが R を簡単に使えるようにします。

　今までの統計分析ソフトは計算をサポートするだけでしたが，XR はそれに加えて，計算結果の読み取りとレポートの作成までを自動化しています。そこを"全自動"と謳っています。ただし全自動洗濯機と同じで，きれいに洗い終わった衣類を太陽に当てたり衣服の袖や襟の形を整えたりするところは，人が仕上げなければなりません。本書はそのための『ガイド』です。

　コンピュータに分析レポートを作成させることに，最初，戸惑いがありました。それこそ統計分析の学習者が学習すべきことなのではないかと。発想自体はけっこう前からあったのですが，"教育倫理"にもとるのでは……と自制してきました。しかし，積年痛感してきた人間・社会科学の遅滞と無力さに鑑み，大学退隠に当たり一線を越えることを思い立った次第です。

　究極的には，本書は『統計手法を知らなくても統計分析ができる本』です。それでいいのか——と言われれば，いいと思います。分析手法を理解もせずに使用することは由々しきこと，許されないことではないのか——と言われれば，とんでもない，研究テーマの探究のほうが本来の目的であり，そのためのこの上ない研究支援であり，真に生産的な研究時間の創出であると明言できます。自動化のプログラミングを開始し，何度か反問を繰り返しながら一応のゴールが見えた頃に，ついにそうした明快な境地に達することができました。

何がわかったかを知ることから，どうしてそれがわかったのかを学ぶことへと遡及するほうが自然であり，これまでずっと内容論と方法論の前後を取り違えていた気がします。大学にあって筆者自身，無自覚にも不自然なことを自分自身にも学生の皆さんにも強いてきました。海のことを知りたい者を山へ連れて行くようなことを平気でやっていました。海を知りたいなら海へ連れて行き，海について熱く語り合うべきでした。それから海の生態が山に依存していることに気づいて，後ろの山を振り返ってみるべきでした。それが不覚にも前後してしまい，人間への純粋な興味関心から心理学を専攻しようとしていた学生諸君の初心をずいぶん打ちのめしてきたように思います，筆者の場合。

　本書の Chapter 9 では，そうした私的悔恨をトピックとした例題を扱っています。統計分析の理解なしで研究レポートの作成から学びに入る新規の学習法と，統計的概念・手法の理解から研究報告の提出へといたる従来の学習法との比較実験です。架空の実験計画ですが，お試しいただけるなら協力は惜しみません。

　また，本書自体，前者の新規の学習法を執筆方針としています。統計分析の初学者（というよりも統計分析以外の研究テーマに限られた時間を賭けるユーザー）に向けて，なるべくやさしく，事前の理解や学習なしでもまったく問題なく個々人の目的にかなった研究が進むように書いたつもりです。一応，統計数理の学習のために『統計的概念・手法の解説』という項を立てています。しかし，その解説が何だか優しくないなぁと思ったら，（また次の機会に読むからと）後回しにしていただいてけっこうです。実際に優しく感じられないような文体にしてあります。

　最後に，統計分析の本質的欠陥を指摘しておきます。人間と社会の現実には何千回・何万回に1回の単発的に起こる事象の中に改善と向上の望み，あるいは危険と破綻の予兆が潜んでいる可能性が少なくありません。これは統計分析では検出できません。偶然誤差に算入されます。ここで直感が働くかどうかが真の研究力です。データにあてがうものは統計モデルではなく，（人間科学・社会科学では）人心構成の意味論でなければならないのです。その意味論の貧しさが，統計分析への反動形成につながっていることもまたよく見る例です。

　筆者の学生時代から今日もいまだに，統計分析の手法を輸入，紹介，再説す

るテキストしか出回っていないように見受けられます。それはそれで日本の明治維新の頃の産業・文化振興に似て不可欠のことです。しかし，かつて日本で技術革新が叫ばれたとき，ロボット技術は日本で"使える技術"に高められて産業用ロボットが世界を席巻しました。ロボット制御の基本原理はアメリカの研究者が生み出したものですが，その発表会があったとき押し寄せた聴衆のほとんどが日本人だったと言います。こうした実用化・製品化を目指した試験研究は第2種基礎研究と呼ばれています。統計分析の領域こそ，今後大いなる第2種基礎研究が必要であり，Rの国際的普及により間違いなくその機は熟していると思います。本書がjs-STAR_XRとともに統計分析を超えて実証研究の自動化の先（せん）成果事例となり，統計分析のユーザーが海へも山へも行きたいほうに自由に行けるようになることを心より願っています。

筆者の恩師，故・小熊 均先生（前都留文科大学教授）に本書を捧げます。

上越教育大学教授・中野博幸氏には，またもjs-STARの大改修をお願いすることになりました。同氏の多大の尽力と並外れた力量に改めて敬意と謝意を表します。改修の必要から過日js-STAR全体を確認した際に驚きました。ユーティリティやシミュレーション・メニューが続々追加されているだけでなく，細部にわたり操作の快適化が図られてjs-STARは"進化"し続けています。同氏の説明なしでは筆者も存在すら知らない機能が，あちこちに埋め込まれています。近いうちに中野氏自身がjs-STAR自体の分解図と活用法を著してくれるものと待望しています。

本書の刊行をお引き受けいただいた北大路書房・奥野浩之氏，同編集部・森光佑有氏には，心よりお礼を申し上げます。駆け出しの持ち込みの如きご相談なのに，ほとんど即答のようにご快諾いただきました。どんな感謝の至言も足りません。本当にありがとうございました。

末筆は妻・純子の支えと情けに謝する一行とさせてください。

2021年2月　春待つ林檎の里にて

田中　敏

目　次

はじめに　　i

Chapter 0　事前準備　1

0.1　フリーウェアのインストール　　　　　　　　　　　　　　　1
　▶▶① js-STAR_XR　　1
　▶▶② R 本体（Base）　　1
　▶▶③ R パッケージのインストール　　2

0.2　R 画面の設定　　　　　　　　　　　　　　　　　　　　　　3

PART 1　度数の分析法

Chapter 1　1 × 2 表：正確二項検定　6

基本例題　顧客は満足したといえるか　　6

1.1　データ入力　　　　　　　　　　　　　　　　　　　　　　6

▶▶ データ入力Ⅰ：キーボードから直接入力する　　7
▶▶ データ入力Ⅱ：他ファイルから未集計のデータを貼り付ける　　9

1.2　『結果の書き方』の修正　　11

☐ レポート例 01-1　12

1.3　統計的概念・手法の解説　　13

●正確二項検定　●統計的有意性　●p 値と有意性検定　●p 値の求め方
●帰無仮説とタイプⅠエラー　●検出力とタイプⅡエラー　●効果量　●両側
検定と片側検定　●信頼区間推定　●統計的方法を用いる理由

応用問題　1×5表から1×2表への組み替え　　22

☐ レポート例 01-2　22

Chapter 2　1×2表：母比率不等　　24

基本例題　新型ウイルスの死亡率は「高い」といえるか　　24

2.1　データ入力　　24

▶▶ データ入力Ⅰ：キーボードから直接入力する　　25
▶▶ データ入力Ⅱ：他ファイルから未集計のデータを貼り付ける　　26

2.2　『結果の書き方』の修正　　26

☐ レポート例 02-1　27

2.3　統計的概念・手法の解説　　28

●p 値の求め方（再）

応用問題　セル数を母比率とした検定　　29

☐ レポート例 02-2　30

2.4　統計的概念・手法の解説 2：評定尺度と検査用・評価用質問紙　　32

●評定尺度　●検査用質問紙と評価用質問紙

3 1 × J 表の分析：カイ二乗検定　34

基本例題　大学新入生はどんな関心をもっているか　34

3.1　データ入力　34

▶ データ入力Ⅰ：キーボードから直接入力する　34
▶ データ入力Ⅱ：他ファイルから未集計のデータを貼り付ける　36

3.2　『結果の書き方』の修正　36

□ レポート例 03-1　37

3.3　統計的概念・手法の解説　40

● カイ二乗検定　● x^2 分布と p 値の求め方　● カイ二乗検定の制約　● 多重
比較と p 値の調整

応用問題　期待比率不等のカイ二乗検定　44

□ レポート例 03-2　45

4 2 × 2 表の分析：Fisher's exact test　47

基本例題　新薬は症状の改善に有効か　47

4.1　データ入力　47

▶ データ入力Ⅰ：キーボードから直接入力する　47
▶ データ入力Ⅱ：他ファイルから未集計のデータを貼り付ける　48

4.2　『結果の書き方』の修正　49

□ レポート例 04-1　50

4.3　統計的概念・手法の解説　52

● 統制群　● オッズ比　● 連関係数

応用問題　2 × 2 表の有意パターン　54

Chapter 5 i × J 表：カイ二乗検定　55

基本例題　成績評価に年度間の差は見られるか　55

5.1　データ入力　55
▶▶データ入力Ⅰ：キーボードから直接入力する　55
▶▶データ入力Ⅱ：他ファイルから未集計のデータを貼り付ける　57

5.2　『結果の書き方』の修正　57
📖レポート例05-1　59

5.3　統計的概念・手法の解説　61
●カイ二乗検定と残差分析　●カイ二乗検定における多重比較

応用問題　3×5表におけるセルの併合　63
📖レポート例05-2　65

Chapter 6 統計モデリング：i × J × K 表, i × J × K × L 表の分析　67

基本例題　顧客満足度は年齢・男女により異なるか　67

6.1　データ入力　68
▶▶データ入力Ⅰ：キーボードから直接入力する　68
▶▶データ入力Ⅱ：他ファイルから未集計のデータを貼り付ける　70

6.2　『結果の書き方』の修正　71
📖レポート例06-1　73

6.3　統計的概念・手法の解説　76
●統計モデリング　●モデル選出と情報量規準　●過分散判定　●尤度比検定, Wald 検定　●有意差の相対的推測について　●統計モデリングと有意差検定

応用問題　初期モデルで停止したとき　84

PART 2　平均の分析法

Chapter 7　*t* 検定　**90**

基本例題　新製品の評価に差は見られるか　90

7.1　データ入力　91
▶▶ データ入力Ⅰ：キーボードから直接入力する　91
▶▶ データ入力Ⅱ：他ファイルからデータを貼り付ける　92

7.2　『結果の書き方』の修正　93
☐ レポート例 07-1　95

7.3　統計的概念・手法の解説　97
●尺度の種類とノンパラメトリック検定　●代表値と平均　●散布度と標準偏差，分散　●歪度，尖度　●*t* 検定　● Welch の方法　●平均の差の信頼区間推定

応用問題　参加者内 *t* 検定（対応のある *t* 検定）　105
☐ レポート例 07-2　106

7.4　統計的概念・手法の解説 2　107
●実験計画法と反復測定

Chapter 8　1 要因分散分析　**109**

基本例題　味噌汁の好みに差は見られるか　109

8.1　データ入力　110
▶▶ データ入力Ⅰ：キーボードから直接入力する　110

▶▶ データ入力Ⅱ：他ファイルからデータを貼り付ける　112

8.2 『結果の書き方』の修正　112

📄 レポート例 08-1　114

8.3 統計的概念・手法の解説　116

●分散分析　●効果量 η^2（イータ 2 乗）　●プールド SD を用いた t 検定
●修正 F 検定　●サンプルサイズ（データ数）をいくつにするか

応用問題　参加者内分散分析 sA の実行　119

📄 レポート例 08-2　120

8.4 統計的概念・手法の解説 2：球面性不成立の対策　122

●球面性の不成立と修正 F 検定　●観測値の独立性

Chapter
9 2 要因分散分析　124

基本例題　ホームページの第 1 ページにどんな画像を用いるべきか　124

9.1 データ入力　125

▶▶ データ入力Ⅰ：キーボードから直接入力する　125
▶▶ データ入力Ⅱ：他ファイルからデータを貼り付ける　125

9.2 『結果の書き方』の修正　128

📄 レポート例 09-1　129

9.3 統計的概念・手法の解説：TypeIII_SS　132

● TypeII_SS と TypeIII_SS

応用問題　交互作用の分析方法　132

📄 レポート例 09-2　134

9.4 統計的概念・手法の解説 2：
単純主効果検定の有意水準　138

9.5 主効果と交互作用の有意傾向の取り扱い　138

Chapter 10 3要因分散分析　139

基本例題　政策評価を行ってみよう　139

10.1　データ入力　139
▶▶ データ入力：他ファイルからデータを貼り付ける　140

10.2　『結果の書き方』の修正　143
□ レポート例 10-1　144

応用問題　二次の交互作用を分析する　147

10.3　二次の交互作用の『結果の書き方』の修正　149
□ レポート例 10-2　153

10.4　SD 法の研究の勧め　156

PART 3　多変量解析法

Chapter 11 相関係数の計算と検定　158

基本例題　気温とアイスクリーム，ホットコーヒーの売り上げは相関するか　158

11.1　データ入力　159
▶▶ データ入力：他ファイルからデータを貼り付ける　159

11.2　『結果の書き方』の修正　163

11.3　統計的概念・手法の解説　166

●相関係数の求め方　●散布図　●相関係数の前提　●順位相関

応用問題　相関係数の差の検定　169

Chapter 12　回帰分析　172

基本例題　大学生活の満足度を決定している要因は何か　172

12.1　データ入力　173

▶▶データ入力：他ファイルからデータを貼り付ける　173

12.2　『結果の書き方』の修正　176

📄レポート例12-1　178

12.3　統計的概念・手法の解説　182

●回帰分析のモデル選択　●単回帰と重回帰　●不良項目のチェック　●分散拡大要因

応用問題　交互作用モデルを用いた回帰分析　185

📄レポート例12-2　186

12.4　統計的概念・手法の解説2：ユーザー作成モデル　190

Chapter 13　因子分析　191

基本例題　人々の幸福感を決める潜在因子は何か　191

13.1　データ入力　192

▶▶逆転項目処理　193
▶▶データ入力：他ファイルからデータを貼り付ける　193

13.2　『結果の書き方』の修正　196

　　　📄 レポート例 13-1　　198

13.3　統計的概念・手法の解説　　205
　　　●因子軸の回転法　●共通性と独自性　●因子負荷量のカットオフライン（切り捨て基準）

[応用問題]　斜交回転から尺度化へ　　207

　　　📄 レポート例 13-2　　210

13.4　統計的概念・手法の解説 2：因子分析から SEM へ　　213

Chapter 14　クラスタ分析　　215

[基本例題]　似ているゆるキャラをグループ分けしてみよう　　215

14.1　データ入力　　216
　　▶▶データ入力：他ファイルからデータを貼り付ける　　216

14.2　『結果の書き方』の修正　　219

　　　📄 レポート例 14-1　　222

14.3　統計的概念・手法の解説：
　　　　　クラスタ分析のバリエーション　　225
　　　●階層的クラスタ分析と平面的クラスタ分析　●相関係とクラスタリング

[応用問題]　因子分析からクラスタ分析へ　　226

Chapter 15　SEM：構造方程式モデリング（共分散構造分析）　　229

[基本例題]　幸福感の因子は直交するか斜交するか　　230

15.1　データ入力とモデル構築　230

▶▶ データ入力：他ファイルからデータを貼り付ける　230

15.2　パスダイアグラム（パス図）と次のモデル構築　234

15.3　モデルの洗練　237

　レポート例 15-1　241

応用問題　高次因子モデル・階層因子モデル　242

　レポート例 15-2　250

索　引　252

事前準備

0.1 フリーウェアのインストール

　本書で用いるフリーウェア（無償ソフト）を次の①～③の手順でインストールしてください。インターネットに接続する必要があります。なお，OS は Windows を想定していますが，Mac OS でも使用可能です。

▶▶① js-STAR_XR

　［js-star］で検索するか，http://www.kisnet.or.jp/nappa/software/star/ にアクセスし，js-STAR_XR のフォルダをダウンロードしてください。フォルダは zip ファイルとして圧縮されています。解凍ソフトで解凍するか，右クリック→［全て展開］してください。解凍または展開したフォルダ内の index.htm をダブルクリックすれば起動します。また，index.htm を右クリック→［送る］→［デスクトップ］と選べば，デスクトップにショートカットを作成できます。

　同時に作成される［例題データ］のフォルダ内には『XR 例題データ.xlsx』『XR 例題データ.txt』があります（内容は同じです）。練習用のデータが入っていますので，本書の Chapter に該当するデータを利用してください。

▶▶② R 本体（Base）　※本書では R version 4.0.3(2020-10-10) を使用しています。

　［r インストール］で検索します。R のインストールを紹介するサイトがいくつもヒットしますので，どれかに従ってインストールしてください。手順は，まずインターネットからインストール実行プログラム（R-#.#.#-win.exe）をダウンロードし，次にご自分のコンピュータ上でそれを実行します（ダブルクリックする）。なお，Mac ユーザーは検索語に"Mac"も加えてください（実行プ

ログラム名にも mac が付く）。

▶▶ ③ R パッケージのインストール

　R パッケージは，R 本体の上で動くプログラム集です。特定のパッケージを使うことによって，R 本体に実装されたメニューよりもさらに高度の分析やグラフィックス（作図）が可能になります。個々のパッケージは世界中の有志の手により開発・命名され随時蓄積され（これまた無償で）R ユーザーが自由に使えるようになっています。2021 年 2 月現在，その数は 1 万 7000 個を超えています。下の手順で必要なものをインストールします。R のアイコン（上の②で自動的に作成される）を右クリック→［管理者として実行］を選択します（単に［開く］も可だが［管理者として実行］が無難）。起動確認に［OK］します。R 画面が立ち上がったら，以下の手順を実行します。

❶ STAR 画面左の，下方にある［R パッケージインストール］をクリック
❷ 表示された R プログラムの枠に付いている【コピー】をクリック
❸ R 画面に戻って右クリック→ペースト
❹ 表示されたインストールサイトから Japan(Tokyo) をクリック→【ＯＫ】

　これで次の 8 本のパッケージが自動的にインストールされます。

【インストールされる 8 本のパッケージ】

brunnermunzel（ブルンナー・ムンツェル）
car（カー）
exactRankTests（エグザクト・ランクテスツ）
GPArotation（GPA ローテーション）
lavaan（ラバーン）
pequod（ペコド）
psych（サイク）
semPlot（セムプロット）

0.2　R画面の設定

　R画面（Rコンソールともいう）については，以下のように設定することを推奨します。特に文字フォントは MS Gothic にしたほうが，結果の桁ズレを防ぐことができます。下図を見ながら，❶〜❻を行ってください。

❶［編集］ → ［GUI プリファレンス］を選ぶ

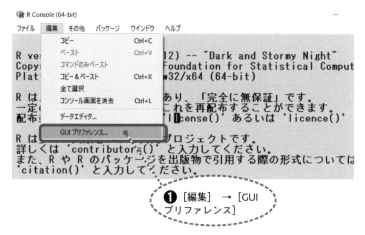

❷SDI をチェック
❸MS Gothic を選ぶ
❹好みの size, style を選ぶ

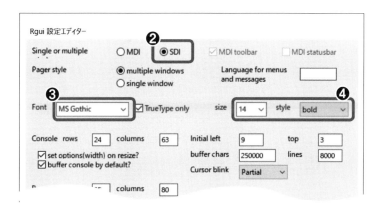

❺【SAVE】をクリック　→表示されたファイル名のままで【保存】をクリック
ク

❻【OK】をクリック

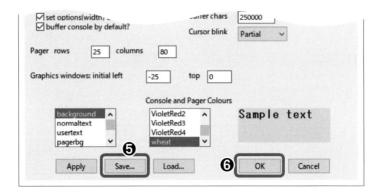

PART 1
度数の分析法

1

1×2表：正確二項検定

　人数や回答数など，0から1, 2, 3, 4, …と数えられた数を**度数**（frequency）といいます。

　度数の集計（カウント）は，観測値が数量ではなく，「男性」「女性」や「ハイ」「イイエ」のような名称である場合に行います。名称やカテゴリは足したり割ったり，平均を計算したりすることができません。そこで男性が何人で女性が何人いるかや，「ハイ」の回答がいくつで「イイエ」の回答がいくつあるかを数えて，度数として集計します。データは，こうした度数データと（PART 2以降に扱う）数量データに大別されます。

　度数データは**度数集計表**にまとめます。そして，集計した度数同士を比べ，どの度数が多いか少ないかを分析します。最もシンプルな度数集計表，1×2表（1行×2列の集計表）から分析してみましょう。js-STAR_XR（以下，STAR）を起動し，Rを起動し，また**保存用の文書ファイルを開いておきます**。

基本例題　**顧客は満足したといえるか**

　顧客20人に「満足しましたか」とたずねて「ハイ」と「イイエ」の人数を集計した結果，ハイ＝15人，イイエ＝5人になった（Table 1-1）。この結果は「ハイ」の人数が多いと言っていいだろうか。統計的検定によって判定しなさい。

Table 1-1　「満足しましたか」への回答（$N = 20$）

ハイ	イイエ
15人	5人

1.1　データ入力

　データ分析は，データの入力から始まります。データ入力には，2通りの方法があります。

▶▶ データ入力Ⅰ：キーボードから直接入力する

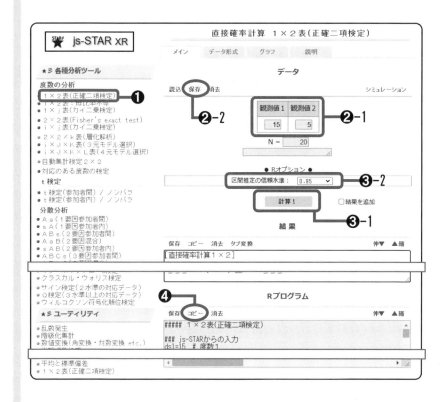

❶ STAR 画面左の【1 × 2 表（正確二項検定）】をクリック

→ Table 1-1 と同じ 2 枠が表示されます。

❷ キーボードから Table 1-1 のとおりに人数を入力する

→「観測値 1」に 15，「観測値 2」に 5 を入力します（❷-1）。

ここで［保存］クリックでデータを保存できます。同じデータを［読込］

で呼び出すことができます（❷-2）。

❸【計算！】ボタンをクリック（❸-1）

→ STAR 画面の『R プログラム』の枠内にプログラムが出力されます。

R オプション［区間推定の信頼水準］は初期値［0.95］のままにしておきま

す（❸-2）。

【計算！】ボタンの直下に『結果』の枠がありますが，ここに表示される結果は分析結果の簡単な速報値です。レポートや論文に載せる各種の統計量については R プログラムを実行し入手します（❹へ）。

❹『R プログラム』の枠の上にある【コピー】をクリック
　→特に何も起こりませんが，R プログラムがすべてコピーされます。
❺R 画面で右クリック　→ペーストを選ぶ
　→R 画面にプログラムが貼り付けられ，計算が始まります。

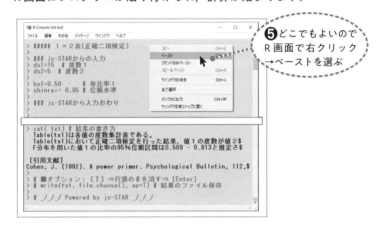

❺どこでもよいので
R 画面で右クリック
→ペーストを選ぶ

❻出力された『結果の書き方』を文書ファイルにコピペする
　→以下，文書ファイルにおいて文章を修正します。

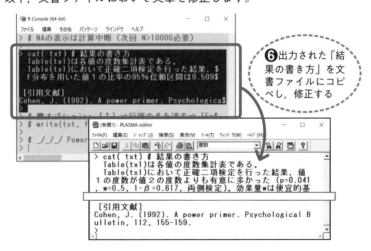

❻出力された「結果の書き方」を文書ファイルにコピペし，修正する

　なお，R画面の下段に出力されるオプション［結果のファイル保存］を実行すると，任意のファイルに結果を書き出すこともできます（上書きせず追加挿入になる）。

　R画面のオプションの実行の仕方は，次のとおりです。

❼キーボードの【↑】を何回か押して，そのオプションを呼び出す。

❽キーボードの【←】でカーソルを先頭に持っていく。

❾先頭の # を消す。

❿【Enter】を押す。

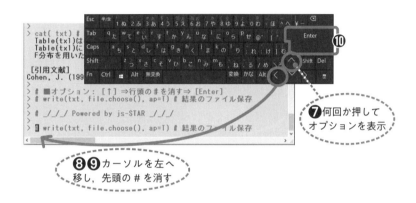

▶▶ データ入力Ⅱ：他ファイルから未集計のデータを貼り付ける

　対象者の回答（ハイ or イイエ）が，他の表計算ファイルなどに入力してあり，まだ度数を集計していない場合も分析可能です。ただし，ハイ＝1，イイエ＝2で入力しておいてください。例題のデータは「例題データ」フォルダの［XR例題データ .xlsx］または［….txt］に入っています。そこからコピーして貼り付けてください（手順❸で）。

❶STAR画面左の【1 × 2 表（正確二項検定）】をクリック

　→ Table 1-1 と同じ枠組みが表示されます。

❷小窓をクリック　→小窓が大窓になります。

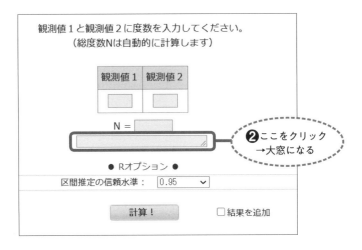

観測値1と観測値2に度数を入力してください。
（総度数Nは自動的に計算します）

❷ここをクリック
→大窓になる

❸ 開いた大窓に『XR 例題データ』からデータをコピペする
　→大窓の中にデータ [1, 2] が貼り付きます。
❹ 大窓の右下にある【代入】をクリック
　→1 × 2 表に度数が集計されて入ります。
❺【計算！】ボタンをクリック
　→プログラムが『R プログラム』の枠内に出力されます。

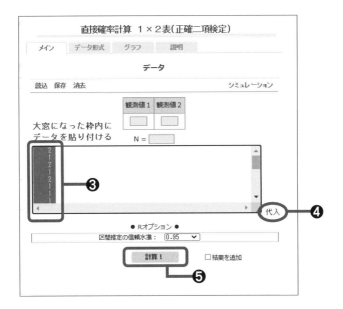

❻【コピー】をクリック →R画面で右クリック →ペースト
→分析が始まります。

❼出力された『結果の書き方』を文書ファイルにコピペする
（❻❼は［▶▶ データ入力Ⅰ］の❹❺❻を参照）
→以下，文章の修正を行います。

1.2 『結果の書き方』の修正

R画面に，下のような文章が自動的に出力されます。これを文書ファイルにコピペし，下線部を修正すればレポートになります。

```
> cat( txt) # 結果の書き方
   Table(tx1) は各値の度数集計表である。ア)
   Table(tx1) において正確二項検定を行った結果, 値1の度数が値2の度数ィ) よりも有意に多かった (p=0.041, w=0.5, 1－β =0.617, ウ) 両側検定)。
効果量wは便宜的基準 (Cohen, 1992) によると大きいと判断される。ただし検出力 (1－β) は不十分であり, 信頼性が低い。
   F分布を用いた値1の比率の95%信頼区間は0.509 － 0.913と推定された。信頼区間の下限0.509は母比率0.5と0.009の比率差を示し, 今回のN=20のとき信頼水準95%で最少差が現実に度数1以上の差を生じるとはいえない。

[引用文献]
Cohen, J. (1992). A power primer. Psychological Bulletin, 112, 155-159. エ)
>
```

┌─────────────────┐
│ 下線部の修正 │
└─────────────────┘

ア 度数集計表は掲載必須です。R画面の出力（以下，R出力）の『基本統計量』から Table 1-1 を作成します。図（Figure）の掲載は任意です。Figure を掲載するときは，まず保存してください。それから "お絵かき

ソフト”などで加工したり文字を入れたりします。保存の手順は，Figure が表示された画面で［ファイル］ → ［保存］ → … を実行します。

イ 「値1」を「ハイ」，「値2」を「イイエ」に置換します。文書ファイルの置換機能を使うと簡単です。

ウ 統計記号と統計量を下の要領で修正します。

＊統計記号は斜字体にする　　　　　p, w, $1-\beta$, χ, F, N など
＊小数点以下の桁数をそろえる　　　通常は小数点以下3桁にそろえる
＊p値は四捨五入せず切り捨てる　　$p = 0.0499$ は $p = 0.049$ とする
＊上付き，下付き等を加工する　　　本例では $\chi2$ を χ^2 とする

　　この要領は一般的ですが，必ず自身の所属学会の「論文執筆要領」を見て確認してください。一例として日本心理学会の『執筆・投稿の手引き』は次のサイトで入手できます。https://psych.or.jp/manual

エ 引用文献の記載の書式も研究領域の慣例や学会の執筆要領に従ってください。

　以上の修正を行うと，下のようなレポートになります。どこをどう修正したかを確かめてください。そこを押さえればレポート作成はスムーズです。引用文献は省略しています。

▢ レポート例 01-1

　　Table 1-1 は「満足しましたか」に対するハイ・イイエの回答者の人数集計である。

　　Table 1-1 において正確二項検定を行った結果，「ハイ」の人数が「イイエ」の人数よりも有意に多かった $_{オ)}$（$p=0.041$, $w=0.500$, $1-\beta=0.617$, 両側検定）。効果量 w は便宜的基準（Cohen, 1992）によると大きいと判断される。ただし検出力（$1-\beta$）は不十分であり，信頼性が低い。$_{カ)}$

　　F 分布を用いた「ハイ」の比率の 95% 信頼区間は 0.509 － 0.913 と推定された。信頼区間の下限は母比率 0.500 と 0.009 の比率差を示し，今回の $N=20$ のとき信頼水準 95% で最少差が現実に度数1以上の差を生じるとはい

えない。_{キ)}

　今回，満足度について肯定的回答が多かったが，<u>さらに今後，N を増やした追試が必要である。</u>_{ク)}

　結果の読み取り

　下線部**オ**で，ハイの人数がイイエの人数より多かったことが統計的に証明されました。

　ただし，この検定結果は「信頼性が低い」と指摘されています（下線部**カ**）。また，今回の差が最少差では現実に度数 1 以上の差にならないことも示されています（下線部**キ**）。こういう場合，今回は一つの可能性が示されたとして，今後の追試が必要であることを加筆したほうがよいでしょう（下線部**ク**）。

　以下，統計的分析の概念，手法，手続き等を解説します。本章は特に重要ですが，量的にも多いので一挙に知ろうとせずに，用語の意味や分析過程が気になったときに必要に応じて参考にしてください。

1.3　統計的概念・手法の解説

●正確二項検定
　正確二項検定（binomial exact test）は 2 個（二項）の度数を比べるときに用いる。今回の［15 人 vs 5 人］の差が，偶然に出現する確率（偶然出現確率）を計算し，偶然出現確率が十分に小さければ偶然の結果ではないと判定する。

●統計的有意性
　今回の結果の偶然出現確率が十分に小さく，偶然に出現した結果ではないと判定したとき，その結果は**統計的に有意である**（statistically significant）と表現する。つまり「有意に多い」とは，ハイの人数が多かったのは偶然ではないという意味である。偶然でなければ必然的原因があることになり，その原因を考える段階（レポートにおける『考察』）へ進むことができる。

　多い・少ないを決めるのに，なぜ，そのような偶然か否かを言うのかについ

ては，後述する「統計的方法を用いる理由」を参照。

● p 値と有意性検定

p = 0.041 を p 値（ぴーち）または有意確率という。p 値はデータの偶然出現確率を表す。p = 0.041 は，N = 20 で［15 人 vs 5 人］に偏るケースが，偶然に 100 回中 4 回（4%）くらいしか出現しないことを示す。完全に偶然に，偏りなく出現するケースは［10 人 vs 10 人］であり，偶然出現確率は p = 1（100%）になる。

したがって p 値は小さいほどよい。p 値が小さければ小さいほど偶然に出現した差ではないことになる。特に $p < 0.05$ のとき「偶然に出現した差ではない」と断定する（研究者間の合意）。この断定基準 0.05 を **有意水準**（significance level）と呼び，a（アルファ）= 0.05 と表す。研究領域により a の値は異なる。特に記述がないときは a = 0.05 が暗黙に設定されている（国際標準の了解事項なので特に記載しない）。

以上の手続きを，**統計的有意性検定**（statistical significance test）という。まとめると次の手順になる。

① N = 20 の人数が偶然に二項（ハイとイイエ）に分かれると仮定する
②その仮定のもと，今回の［15 人 vs 5 人］の偶然出現確率（p 値）を求める
③求めた p 値を有意水準 a = 0.05 に対照する
④$p < 0.05$ のとき［15 人 vs 5 人］は偶然に出現したケースではないと判定する
⑤［15 人 vs 5 人］の差を「有意である」と表現する

手順①で，まず最初に，偶然なら"ハイの人数＝イイエの人数"になるという帰無仮説を立てる。**帰無仮説**（null hypothesis）とは空っぽの（何も考えがない）仮説のことである。つまり偶然にまかせた予測となる。帰無仮説のとおりに，まったく同じ数のハイとイイエが無限個数入っている**母集団**を仮定する。この $N = \infty$ の母集団から N = 20 で標本抽出する。そのような 1 標本（サンプル）として今回の［15 人 vs 5 人］を考える。母集団の全個数を調べればハイとイイエの比率（**母比率**）は必ず［0.50 vs 0.50］になるが，抽出人数を N = 20 に

限定しているので，本当にごくまれに［20人 vs 0人］のような完全に母比率を裏切るようなケースも出現し得る（理論的には104万8576回に1回起こる）。

今回の標本［15人 vs 5人］の標本比率は［0.75 vs 0.25］である。これが母比率［0.50 vs 0.50］から偶然に出現する確率（= p 値）を求める（次の「p 値の求め方」を参照）。結果として［0.75 vs 0.25］は $p = 0.041$ の出現確率しかなく，有意水準 $a = 0.05$ 未満である。これをもって今回の標本は，母比率［0.50 vs 0.50］から出現した標本ではないと決定する。

となると，［0.50 vs 0.50］の母集団を仮定した帰無仮説（ハイの人数＝イイエの人数）が不適当であったことになる。そこで帰無仮説を棄却して，それとは真逆の"ハイの人数≠イイエの人数"（**対立仮説**という）を採用する。この"差がある"という対立仮説を採択したほうがよいというのが，統計的検定の結論となる。

● p 値の求め方

p 値は二項分布を用いて求める。

データが「ハイ」「イイエ」の二項のとき，顧客総数 $N = 20$ 人の回答パターンは［0 vs 20］［1 vs 19］［2 vs 18］…から［10 vs 10］を経て…［18 vs 2］［19 vs 1］［20 vs 0］まで全21パターンのどれかになる。［0 vs 20］になるパターンは1通りしかない（全員が「イイエ」と答える）。［1 vs 19］になるパターンは20通りある（1人が「ハイ」と答える）。こうして，それぞれのパターンが何通りあるかは理論的に計算できる。この各パターンの出現数をヒストグラム（棒グラフ）に描くと**二項分布**と言われる理論的分布になる（下図）。R画

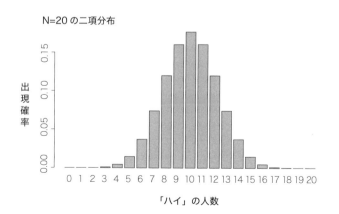

N=20の二項分布

出現確率

「ハイ」の人数

面で，barplot(dbinom(0:20, 20, 0.50),nam=0:20) と入力すると描ける。

　ヨコ軸の数字は「ハイ」の人数を表す。一番左のバーが [0 vs 20] である（ハイ = 0 人，イイエ = 20 人）。バーの高さは [0 vs 20] のケースの出現確率を示す。[0 vs 20] の出現確率は 0.0000009537 である。例題の [15 vs 5] は右端から 6 本目のバーであり，出現確率は 0.01479 である。R 画面で，**dbinom(15, 20, 0.50)** と入力すると求まる。統計的検定の *p* 値 = 0.041 は，この [15 vs 5] から [20 vs 0] までの確率を足しあげ，さらにそれを左右合計（2 倍）した値である。R 画面で，**sum(dbinom(15:20, 20, 0.50))*2** と入力すると求まる。

●帰無仮説とタイプ I エラー

　統計的検定によって *p* = 0.041 を求め，今回の標本比率 [0.75 vs 0.25] が母比率 [0.50 vs 0.50] からは偶然に出現しないと判定し，帰無仮説を棄却した。しかしながら本当は帰無仮説が正しいという可能性がわずかに残っている。つまり本当に帰無仮説 [0.50 vs 0.50] のもとで，今回の標本 [15 人 vs 5 人] が 100 回に 4 回ほど出現する（*p* = 0.041）。本当は帰無仮説が正しいのに帰無仮説を棄却してしまったら判定のエラーである（**タイプ I エラー**という）。*p* 値はこのエラーを犯す確率が 100 回中 4 回くらいあることを示しているともいえる。それゆえ *p* 値を**危険率**（判定を誤る危険程度）と呼ぶこともある。このタイプ I エラー，すなわち帰無仮説を誤って棄却するエラーを，100 回中 5 回未満までは許容しようという基準が有意水準 *a* = 0.05 の意味である。

●検出力とタイプ II エラー

　検定結果の統計量のうち，1−β を**検出力**（power）という。前述のタイプ I エラーと対になるタイプ II エラーに関係する統計量である。

　タイプ II エラーとは，対立仮説「ハイの人数 ≠ イイエの人数」が本当は正しいのに，それを採択できない（帰無仮説を棄却できない）というエラーである。タイプ I エラーの許容限度を *a* = 0.05（5%）以内としたが，このタイプ II エラーの許容限度は β（ベータ）で表し，経験的に β = 0.20 以内とされる。すなわち，本当は差があるのに有意にならなくて，対立仮説（差がある）を見逃してしまうケースを 20% 以内（100 回中 20 回まで）に押さえようという意味である。

　たとえば今回の [15 人 vs 5 人] の標本比率 [0.75 vs 0.25] を真の比率とみ

なして $N=20$ の標本抽出を繰り返せば，確かに［15 人 vs 5 人］が一番多く出現するだろう。しかし時として［10 人 vs 10 人］のような標本も出現する。これが検定されれば全然有意にならない。真に［0.75 vs 0.25］から出現したにもかかわらず対立仮説は採択されないことになる。そんな不運な標本の割合（＝ β）を調べると，本例では $\beta=0.383$ となる（β の求め方は田中 敏・中野博幸 (2013)『R & STAR データ分析入門』新曜社，第 1 章に詳しい）。つまり今回の標本比率が真であるとすると，38.3％の標本が有意にならずに対立仮説の採択に失敗する。こうした有意にならない標本が多いと（20％超のとき），タイプⅡエラーに弱い検定であったことになる。すると，今回有意になった標本そのものが実はたまたま有意になったケースであり，そんなケースを根拠に対立仮説を正しいとする判定自体が信用できなくなる。

　この $\beta=0.20$ の基準を逆の観点から，有意になる標本の検出割合（$1-\beta$）として見るとき，この $(1-\beta)$ を検出力という。すなわち有意標本の検出割合が，$1-\beta=1-0.20=0.80$ 以上あれば，タイプⅡエラーを心配しなくてもよい（タイプⅡエラーへの防御力が高い）とみなし，今回の標本もその 8 割方の有意標本のうちの 1 標本として信用できると考える。

　しかしながら，本例は，$1-\beta=1-0.383=0.617$ で**検出力不足**である。タイプⅡエラー（対立仮説の不採択ミス）の大きい検定であったことになる。今後，もっと検出力を上げた検定を行わなければならない。今回は $N=20$ であったが，R 出力『パワーアナリシス』に表示されている［次回の N］を見ると，$N=30$ にすることを勧めている。

　以前，統計的検定は $p<0.05$ の判定だけで終わっていたが，今日，$1-\beta>0.80$ の判定を追加するようになっている。帰無仮説の棄却エラーを α の許容限度に抑えながら，かつ，対立仮説の不採択エラーを β の許容限度に抑えることによって，信頼性の高い検定であったことを保証する。タイプⅠエラーは「ない出るワン」（本当は差がないのに有意差が出るエラー）と覚え，タイプⅡエラーは「ある出ないツー」（本当は差があるのに有意差が出ないエラー）と覚える。ワン・ツーは字数の少ない「ない出る」（4 字）のほうがワン，字数の多い「ある出ない」（5 字）のほうがツーと覚えたものである，筆者の場合。

●効果量

効果量（effect size）は効果のサイズのことである。特に効果量 w は，度数についての効果のサイズ（差の大きさ）を表す。本例の $w = 0.50$ は，度数 1 個当たり 0.50 の差が生じたことを示す。総数 $N = 20$ なので全体としては，$w \times N = 0.50 \times 20 = 10$，すなわち 10 人の人数差が［15 人 vs 5 人］で生じたことを意味する。

度数の効果量としては w のほかに，g も用いられる。効果量 g は標本比率と母比率との直接の差である。本例では，効果量 $g =$ 標本比率 − 母比率 $= 0.75 - 0.50 = 0.25$ となる。これはハイの標本比率で計算しているが，イイエの標本比率で計算しても，$g = -0.25$ で絶対値は同じになる。

<u>差の有意性と差の大きさは別判断である。</u>差の有意性は p 値で判断する。差の大きさは w や g の値で判断する。○×問題で"正答に○，誤答に×を付けよ"と問われたら，「p 値が小さいほど差は大きい」に○を付けてはならない。それには×を付け，「p 値と差の大きさは関係ない」に○を付けなければならない。

どんなに p 値が有意であっても，w が非常に小さければ極めて微小な差であるか，現実には見えない差である。その逆に，p 値が有意でなくても，w がかなり大きいならば「差があるはず」という研究仮説をいまだ捨てるべきではない。それは単に検出力不足，すなわち差があるのに検出に失敗しただけかもしれない（ある出ないツー）。

w のサイズには便宜的基準（Cohen, 1992）がある：0.10 ＝ 小，0.30 ＝ 中，0.50 ＝ 大。しかしながら，w に限らず効果量の正当な評価は，同じテーマを扱った先行研究との比較によるべきである。人間と社会の諸事象は実験統制に限界がある。$w = 0.10$ 程度の小さな差しか見いだせないテーマも少なくない。便宜的基準に振り回されてはならない。先行研究がある場合，レポート例における「χ^2 値から算出した効果量 w は便宜的基準（Cohen, 1992）によると大きいと判断される」は 1 文まるごと削除し，他論文の w との大小や一致・不一致について述べるようにしたほうがよい（論文に w の報告がないときは $w =$ 度数差／N で求められる）。

本例［15 人 vs 5 人］の p 値は有意であったが，検出力は $1 - \beta = 0.617$ で低かった。しかし効果量 $w = 0.50$ は大きい。ゆえに検出力を上げた追試が勧められる。前述した R 出力『パワーアナリシス』の［次回の N］は，今回の効果量で $p < 0.05$,

$1-\beta > 0.80$ を満たす N を試算してくれる（N = 30 推奨）。

●両側検定と片側検定

前述のように p 値（p = 0.041）は，正確には［15 人 vs 5 人］という 1 ケースの偶然出現確率ではない。そのケースを含めた人数差 10 人以上のケースすべての p 値を合計した値である。つまり［15 人 vs 5 人］から，さらに差が大きい［16 人 vs 4 人］［17 人 vs 3 人］…［20 人 vs 0 人］までの全ケースの p 値を合計している。結局 "10 人差以上のケース" の合計 p 値になっている。今回の［15 人 vs 5 人］の差を偶然でないと主張したいのであれば，それ以上の人数差も偶然ではないと主張しなければならない。それでそうしている。

ところで，この "10 人差以上のケース" は，左右の人数を逆にした［5 人 vs 15 人］～［0 人 vs 20 人］にも当てはまる。これら逆のケースも確かに 10 人差以上になる。こうして左右反対のケースもすべて算入する（二項分布の片側の p 値を 2 倍する）。それで最終的に p = 0.041 と算出される。これを両側確率の p 値と呼ぶ。両側確率の p 値を用いた検定を**両側検定**という。

通常，有意性検定は両側検定で行う。まれに片側検定も行われるので，「両側検定」か「片側検定」かを付記する必要がある。片側検定は "ハイのほうの人数が多くなるはず" という強い仮説があるときに行う（片側検定の結果は R 画面の上方に出力される）。片側の強い仮説が十分な実証に基づいていない場合，片側検定は行うべきではない。

●信頼区間推定

レポート例に「ハイの比率の 95％信頼区間」の記述がある。これは**統計的推定**の結果を示したものである。すなわち，ハイの真の比率が 100 回中 95 回は 0.509 － 0.913 の範囲に出現すると予測されている。これを **95％信頼区間推定**（95％ confidence interval estimation）と呼ぶ。比率の区間推定は F 分布という理論的分布に基づいて計算する（Clopper & Pearson の方法）。95％を信頼水準（confidence level）という。80％信頼水準の区間推定は 0.585 － 0.873 と範囲が狭くなる（R 出力『値 1 の比率の区間推定』参照）。信頼水準を落とすと外れる確率が高まる。

本例の 95％信頼区間によれば，ハイの最小比率，すなわち区間下限は 0.509

である。帰無仮説の母比率 0.50 とわずか 0.009 の差しかない。現実に $N = 20$ でハイの人数は，イイエとの最少差が $20 \times 0.009 \times 2 = 0.36$ 人しか生じない。0.36 人という人数差は実在する差ではないから，今回見いだされた差は 100 回中 95 回の最少差では現実には見えない差になることがありうる。

つまり，有意水準 5%（$a = 0.05$）の検定では有意であったが，信頼水準 95% の推定では最少差が現実の差ではないことが示された（有意水準 5% の検定は信頼水準 95% の推定に対応する）。このように**検定**で有意であっても，現実の差になるかどうかを**推定**で検討することができる。

近年，有意差検定だけで結論を出すことは完全に疑問視されている。このため p 値に加えて効果量 w，検出力 $(1 - \beta)$ を付記することは必須である。さらに，それらとともに，有意水準 5% の検定に対応する 95% 信頼区間推定の結果を併記することも推奨される。むしろ 95% 信頼区間を示せば，逆に 5% 有意差検定はなくてもよいくらいである。95% 信頼区間 0.509 − 0.913 に，ハイの母比率（= 0.50）が含まれていないことが，5% 水準の有意性の逆表現になっているからである。R 画面には信頼水準 95%，90%，80% の区間推定が出力される。もし有意水準 10%（$a = 0.10$）の検定を行う場合は，対応する 90% 信頼区間の数値を記述する。

なお，統計的検定の補完ではなくて，実用目的の推定を行いたいという場合は，80% 信頼区間を推奨する。なぜなら現実の企画や見込みは 8 割程度の的中率が確信できれば実行へ移せるからである。本例［15 人 vs 5 人］のハイの 80% 信頼区間推定は 0.585 − 0.873 である（R 出力参照）。仮に顧客を $N = 100$ 人単位で考えるなら，ハイの人数は区間下限の比率を掛けると 58.5 人となる。この最少人数が顧客満足度の最低ラインを示唆する。それが企画開発に際しての検討材料になるだろう。STAR 画面の R オプションに［区間推定の信頼水準］があるので，それを［0.80］に設定して実行すれば，『結果の書き方』に反映される。

●統計的方法を用いる理由

度数や人数の多い・少ないの決め方は，日常生活では多数決や倍率，割合などを用いる。しかしそれらは信頼性が低い。たとえば多数決なら，ハイ = 15 人，イイエ = 5 人は「ハイが多い」と確信をもてるかもしれない。しかし，ハイ = 3 人，

イイエ＝1人ではどうか。1人が動けば同数になる。4人の多数決で決めてよいという人はいないだろう。

多数決ではなく，倍率を根拠にしたらどうか。［15人 vs 5人］は3倍差であり，大きな開きがある。しかし［3人 vs 1人］もトリプルスコアであり，4人の多数決の例と変わらない。

それでは特定の割合（百分率）を判断基準にしてはどうか。$N = 20$ で15人は75％であり8割近い。8割近い人が「ハイ」と答えたのなら，「ハイが多い」と決定してもよさそうである。だが，これも $N = 4$ で，ハイが3人は75％で8割近い。

多数決や倍率，割合による判定に代えて，科学研究が統計的方法を用いる理由はそこにある。有意性検定では［15 vs 5］は $p = 0.041$ で100回中4回程度しか偶然出現しないが，同じ比率の［3 vs 1］は $p = 0.600$ で100回中60回も偶然に出現する。区間推定では［15 vs 5］は 0.509 − 0.913 で母比率 0.50 の上方にしか出現しないが，［3 vs 1］は 0.194 − 0.994 で母比率 0.50 をはさんで上にも下にも出現する。

実験効果の証明に統計的方法を用いることが始まって科学研究は老若男女の差別から解放されたともいえる。それまでは権威と腕力と声の大きさで仮説と主張がまかり通っていた。それにしても有意性検定の歴史が最も古いとはいえ百年足らずであり，証明のレトリックとして社会領域への普及はほとんど進まない。近年，新聞紙上にポツポツと「有意」の語句を見かけるが，現実はいまだに前時代と変わらない強権的な決め方で多い・少ない，良い・悪い，安全・危険を判断し続けているような気がする。

政権支持率などの世論調査は1000人以上を対象に％を算出し，支持が不支持より1ポイント（1％）単位で多い（少ない）と報じる。統計的に $N=1000$ で支持・不支持に1％単位の有意な人数差が生じるケースは，有意水準 $a = 0.05$ で［540人 vs 460人］以上の差に限られる（$p = 0.0124$）。すなわち支持率54％以上（または46％以下）から世論は時の政権にはっきり支持（不支持）を表明し始めるといえる。その差に到達しない場合，％の差を「差」とみなすこと自体に意味がない。このように統計的有意性は身のまわりのデータに対して，その数字をどう価値づけたらよいかというときに一つの評価の観点を与えてくれる。

応用問題
1 × 5 表から 1 × 2 表への組み替え

　顧客 50 人に「満足しましたか」とたずねて 5 段階の回答を求めた。Table 1-2 はその回答人数である。「どちらとも言えない」を除いて，満足者と不満足者の人数に差があるかどうかを検定しなさい。
※『XR 例題データ』にデータはありません。

Table 1-2　「満足しましたか」に対する 5 段階回答の人数（$N = 50$）

非常に満足	一応満足	どちらとも言えない	やや不満	非常に不満
8 人	15 人	20 人	5 人	2 人

分析例

　1 × 5 表のまま分析することも可能ですが（Chapter 3），中間段階の「どちらとも言えない」を除外して 1 × 2 表に組み替えて検定します。良いか・悪いか，簡明な評価情報を得たいときそうします。

　集計表内の枠を**セル**（cell, 原意は細胞）といいます。たとえば 2 × 2 表は，田の字形の 4 セルになります。この例では満足側の 2 セル = 8 + 15 = 23 人，不満足側の 2 セル = 5 + 2 = 7 人を STAR 画面に入力します（データ入力 I を実行する）。

　実行後，R 出力の『結果の書き方』を文書ファイルにコピーして修正を行います。修正要領（p.11 参照）に従って修正し，レポートに仕上げてください。次のレポート例では，まず原表の 1 × 5 表に言及し，それを 1 × 2 表に組み替えて検定したという流れになっています。

📄 レポート例 01-2

> 　Table 1-2 は，対象者 50 人による満足度 5 段階の回答人数である。
> 　Table 1-2 において「どちらとも言えない」を除外し，満足側 2 セルの

23人と不満足側2セルの7人について正確二項検定を行った結果，満足者の人数が不満足者の人数よりも有意に多かった（p=0.005, w=0.533, 1−β=0.859, 両側検定）。効果量 w は便宜的基準（Cohen, 1992）によると大きいと判断される。検出力（1−β）は十分である。

　F 分布を用いた満足者の比率の95％信頼区間は 0.577 － 0.901 と推定された。信頼区間の下限 0.577 は母比率 0.500 と 0.077 の比率差を示し，今回の N=30 のとき信頼水準95％で最少差が現実に度数4以上の差を生じると推測される。

1×2表：母比率不等

前例では帰無仮説を［0.50 vs 0.50］と母比率同等に固定していましたが，本例の帰無仮説は**母比率不等**です。つまりユーザーが任意に母比率を決められます。

基本例題　**新型ウイルスの死亡率は「高い」といえるか**

20XX 年早々に，新型ウイルスのパンデミック（世界規模の流行）を予兆するデータが X 市で観測された。同ウイルスによると思われる感染者総数 2045 人に対し，そのうち死亡者数 8 人であった（Table 2-1）。この死亡率 0.39%（8 ／ 2045 = 0.0039）は，季節性インフルエンザの平均死亡率 0.1%よりも危険性が高いと考えるべきだろうか，統計的検定によって判定しなさい。

Table 2-1　X 市における新型ウイルスの感染後の死亡・生存者数

	死亡者	生存者
観測人数	8	2037
標本比率（%）	0.39	99.61
母比率（%）	0.1	99.9

注）母比率は季節性インフルエンザの平均死亡率・生存率を表す。

2.1　データ入力

本例は，死亡者・生存者の人数に差があるかの検定ではありません。死亡者と生存者では圧倒的に生存者のほうが（まだ）多くいます。そうではなく，X市で観測された死亡者数 8 人が，季節性インフルエンザの平均死亡率と同じくらいなのか，それより多いのかを知りたいのです。例年のインフルエンザの平均死亡率・生存率［0.1% vs 99.9%］は同等ではなく不等ですので，検定法は【1×2表：母比率不等】になります。

▶▶ データ入力Ⅰ：キーボードから直接入力する

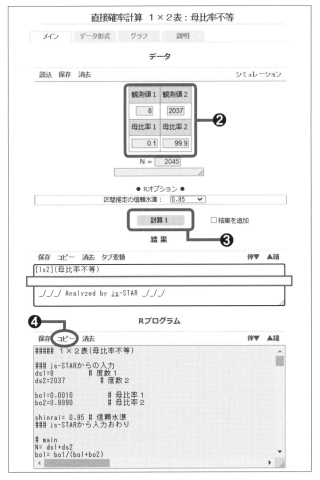

❶ STAR 画面左の【1×2表：母比率不等】をクリック

　→ Table 2-1 と同じ枠が表示されます。

❷ Table 2-1 のとおりに人数，母比率を入力する

　→母比率のセルには 0.1, 99.9 と％単位で入力しても OK です。コンピュータが 0.001, 0.999 と自動的に比率に換算してくれます。

❸【計算！】ボタンをクリック

　→『R プログラム』の枠内にプログラムが出力されます。

❹【コピー】をクリック　→R 画面で右クリック　→ペースト

　→分析が始まり，分析結果が出力されます。

❺『結果の書き方』を文書ファイルにコピペする
　→以下，文章の修正を行い，レポートに仕上げます。

▶▶データ入力Ⅱ：他ファイルから未集計のデータを貼り付ける

　他の表計算ファイルなどに，死亡者＝1，生存者＝2と入力してあれば，STAR 画面に張り付けると自動的に集計してくれます。前章の「データ入力Ⅱ」（p.9）を参照してください。なお『XR 例題データ』にデータはありません（*N* = 2045 なので多すぎて）。

2.2　『結果の書き方』の修正

　下の文章が出力されます。下線部を次頁の要領に従って修正してください。

```
> cat( txt) # 結果の書き方
  Table(tx1)ア）は各値の度数集計表である。
　Table(tx1) において，●●を母比率とするイ）正確二項検定を行った結
果，値1ウ）の標本比率0.004エ）が母比率0.001 よりも有意に大きかっ
た（p=0.001，w=0.092，1-β=0.809，両側検定）。効果量 w は便宜的基準
(Cohen, 1992) によると小さいと判断される。検出力(1-β)は十分である。
　F 分布を用いた値1の比率の95%信頼区間は0.002 － 0.008 と推定され
た。信頼区間の下限0.002 は母比率0.001 と0.001 の比率差を示し，今回
の N=2045 のとき信頼水準95%で最少差が現実に度数2オ）以上の差を生じ
ると推測される。


[引用文献]
Cohen, J. (1992). A power primer. Psychological Bulletin, 112,
155-159.

>
```

ア　掲載必須。R 出力『基本統計量』から Table 2-1 のように作成します。

イ　何を母比率としたかを具体的に書きます 極めて重要 。下記の『レポート例』くらい詳細に書くようにします。

ウ　「値1」を「新型ウイルスによる死亡者」に置換します。以下同様。

エ　通常，小数点以下 3 桁にそろえますが，ここでは数値がかなり小さいので，以下の比率はすべて 4 桁に書き換えます。R 画面に出力された数値に書き換えてください（レポート例の下線部 **カ・キ**参照）。統計量については常に小数点以下 3 桁（文章中のまま）で OK です。

オ　このままでもよいですが，度数に単位がありますので，度数 2 を「2 人」に書き換えるとわかりやすくなります。

▢ レポート例 02-1

> 　Table 2-1 は，20XX 年 X 月 X 日時点での X 市における新型ウイルス感染後の死亡・生存者数，及び季節性インフルエンザの平均死亡率・生存率を母比率として示したものである。
>
> 　Table 2-1 において，新型ウイルスによる死亡者数に対してインフルエンザの死亡率 0.0010 を母比率とする正確二項検定を行った結果，新型ウイルスの死亡率 0.0039 が母比率 0.0010 よりも有意に大きかった_カ（p=0.001，w=0.092，$1-\beta$=0.809，両側検定）。効果量 w は便宜的基準（Cohen, 1992）によると小さいと判断される。検出力（$1-\beta$）は十分である。
>
> 　F 分布を用いた新型ウイルスによる死亡者の 95％信頼区間は 0.0017 － 0.0077 と推定された。_キ信頼区間の下限 0.0017 は母比率 0.0010 と 0.0007 の比率差を示し，今回の N=2045 のとき信頼水準 95％で最少差が現実に 1 人以上の差を生じる_クと推測される。

　今回の新型ウイルスによる死亡率が，既知のインフルエンザ死亡率より有

意に高いことが証明されました（下線部**カ**）。このウイルスが現実の災禍を引き起こす非常に危険な病原であることが示唆されます。

　下線部**キ**で，新型ウイルスによる死亡率の95％信頼区間が，0.0017 − 0.0077と推定されています。桁数を3桁から4桁に増やしたため，改めて区間下限 = 0.0017をもって最少死亡者数を再計算すると，$N \times 0.0017 = 2045 \times 0.0017 = 3.476$ 人になります。

　一方，インフルエンザ死亡者数は $N \times 0.0010 = 2.045$ 人です。その差は，3.476 − 2.045 = 1.431 人であり，出力された「2人以上の差」ではなく「1人以上の差」になります（下線部**ク**）。『結果の書き方』の数値の桁数を変更したときは，最少人数差を計算し直してください。

　1人でも実在の差が現れたことは見過ごせない知見です。しかも最少差ですので，もっと多い予測では差は開くばかりです。$N = 2000$ 人規模で，インフルエンザより確実に死亡者数が増えるということは，地域単位・国家単位で $N = 10$ 万人，100万人を想定すると，既知の感染症の対応レベルではすまない惨状が予想されます。実用上の80％信頼区間推定を行えば，さらに深刻な見通しになるでしょう。このデータの観測時点で集中的対策を講じることが焦眉の課題として示唆されます。　※架空のデータです。

2.3　統計的概念・手法の解説

● p 値の求め方（再）

$N = 2045$ で，死亡者の母比率 = 0.001（0.1％）としたとき，死亡者・生存者の二項の出現分布は右図のような非対称のL字形になる。

ヨコ軸の数値は死亡者の人数である。その人数の出現確率がバーの高さで示される。$N = 2045$ 人の全員が死亡するバーは，

N=2045，母比率 = 0.001 の二項分布

はるか右のほうにある（見ても高さはない…インフルエンザでは人類は絶滅しない）。

これが帰無仮説（インフルエンザ死亡率）の分布である。入力したインフルエンザ死亡率と一致する死亡者数は，$N \times 0.001 = 2.045$ 人なので，ヨコ軸＝2のバーが最も高く，分布の頂点になっている。

これに対して，今回の新型ウイルスによる死亡者数は8人であった。つまりヨコ軸＝8のバーが新型ウイルスによる死亡者数である。そこから右方向のバーすべてを合計した出現確率が検定の **p** 値となる。R画面で，**sum(dbinom(8:2045, 2045, 0.001))** と入力すれば，$p = 0.00125$ と計算され，R出力の **p** 値と一致する。今回の死亡者8人（以上）が，帰無仮説（インフルエンザ死亡率）のとおりに出現する確率は1000回中1回程度しかなく，尋常ではない。かつて見知った程度の死亡人数と考えるべきではないことがわかる。

応用問題
セル数を母比率とした検定

前章の応用問題で，顧客50人に「満足しましたか」とたずねたときの回答結果では「どちらとも言えない」の回答者がかなり多かった（再掲 Table 1-2 で 20 人）。この「どちらとも言えない」の人数が，満足・不満をはっきり答えた人数よりも有意に多いかどうかを検定しなさい。
※練習用データはありません。

Table 1-2 「満足しましたか」に対する5段階回答の人数（$N = 50$）

非常に満足	一応満足	どちらとも 言えない	やや不満	非常に不満
8人	15人	20人	5人	2人

分析例

「どちらとも言えない」の20人を，それ以外のセルの合計人数 = 30人と比べて，多いか少ないかを検定します。このとき後者30人は4セルの合計なので，セル数 = 4 を母比率とします。すなわち母比率を［1 vs 4］として

【1 × 2 表：母比率不等】を実行します。

　実行後，出力された『結果の書き方』を修正し，次のようなレポートに仕上げてみてください。

▢ レポート例 02-2

　　Table 1-2 は，対象者 50 人による満足度 5 段階の評定者数である。

　　Table 1-2 において，中間段階「どちらとも言えない」の 20 人とそれ以外の評定段階の合計数 30 人を比べるため，セル数を母比率とする正確二項検定を行った結果，<u>「どちらとも言えない」の標本比率 0.400 が母比率 0.200 よりも有意に大きかった</u>ヶ) (p=0.001, w=0.500, $1-\beta$=0.844, 両側検定)。効果量 w は便宜的基準（Cohen, 1992）によると大きいと判断される。検出力（$1-\beta$）は十分である。

　　F 分布を用いた「どちらとも言えない」の比率の 95％信頼区間は 0.264 － 0.548 と推定された。信頼区間の下限 0.264 は母比率 0.200 と 0.064 の比率差を示し，今回の N=50 のとき信頼水準 95％で最少差が現実に度数 3 以上の差を生じると推測される。

▣ 結果の読み取り：「どちらとも言えない」の度数の分析

　下線部ケで，標本比率と母比率との差が有意であることが示されました。つまり，「どちらとも言えない」の 20 人の標本比率（0.40）が，帰無仮説の母比率（0.20）より偶然以上に大きいということです。N = 50 で 1 × 5 表なら 1 セル当たりの比率は 0.20，すなわち 10 人になりますが，それを上回る 20 人の回答がこの 1 セルに集中したというわけです。おそらく満足・不満足が半々くらい…という顧客が相当数いたようです。

　「どちらとも言えない」の人数を外した先の検定（Chapter 1 応用問題, p.22）では，満足者の人数が有意に多いという結果になりました。しかしながら母比率不等の検定によると，満足・不満足が半々という顧客が偶然以上に多くいることが明らかになりました。満足感と相殺し合う何らかの不満要素があ

るといえます。これはこれで探究すべき知見でしょう。

　一般に「どちらとも言えない」のような中間段階を設けない，「非常に満足」「一応満足」「やや不満」「非常に不満」のような４段階の評定尺度をよく見かけます。これは評価目的の調査ではかなり危険です。本心で「どちらとも言えないなぁ」と感じている人が，そう答えることができない。とすると，その人は何をもって満足・不満足を決めるでしょうか。こうした調査そのものに不快さを覚えて「やや不満」と答えてしまうかもしれません。それでは妥当なデータとはいえなくなります。

　以前，行政の住民調査の相談に応じたことがあります。どの市町村でも教育政策や土地整備計画などについて定期的に評価アンケートを実施しています。回答欄に，良い・悪いの中間として「どちらとも言えない」を入れるよう筆者はアドバイスしました。担当者の方は「議員さんが（住民に）はっきり良いか悪いかを答えさせろと言われますので」，これまで中間段階は入れないできたと渋りました。私は「どちらか決められない人は市長さんが気に入らないから“悪い”に○を付けますよ」といいました。そんな的外れの回答が出ることを指摘しました。価値づけできない状態で価値づけを強制することは，回答の妥当性と信頼性を下げることになります。

　また，評価アンケートに中間段階を入れるメリットについても話しました。子育て・教育政策ははっきり良い・悪いを決められても，土地の利用・整備計画はよくわからない，決められないという人もいます。前者では「どちらとも言えない」の人数は少ないでしょうが，後者では多くなるでしょう。本例のような母比率不等の検定を行えば，その多い・少ないが通常程度か否かを判定できます。「どちらとも言えない」の回答が有意に多いとわかれば，良い・悪いを決められる住民よりも，決められない住民のほうが通常より多いことになります。そんな状態で得られた良い・悪いの結果を，はたして住民の総意と考えてよいかどうか懸念されます。その調査項目に＊などのマークを付けて保留または評価は“時期尚早”として扱ったほうがよいでしょう。評価できるだけの十分な情報が住民に伝わっていないと考えられます。住民に向けた当該施策の広報について見直す良い機会となるでしょう。逆に，中間回答の人数が１セル当たりの期待数より有意に少なければ，その評価結果は確実に住民多数の信頼できる意向とみなすことができるでしょう。

2.4　統計的概念・手法の解説 2 ：
　　　評定尺度と検査用・評価用質問紙

●評定尺度

　人の意識・感覚を数値に置き換えることを**評定**（rating）という。評定の数値を等間隔に並べたスケールを**評定尺度**（rating scale）という。最少 2 段階から 5 段階の評定尺度がよく用いられる（3 段階以上の等間隔尺度をリッカート式と呼ぶ）。こうした評定尺度を多数掲載した質問紙（questionnaire）やアンケートが，社会領域のいろいろな場面で使われている。評定法は研究上の検査目的で開発されたものであったが，今日，行政・民間に普及している評定は，検査目的というより評価目的のものが大半である。この区別はほとんど意識されていない。検査用途の専門的知識・方法を，評価用途に無自覚に適用する例もよく見かけるので注意しなければならない。

●検査用質問紙と評価用質問紙

　質問紙には検査用・評価用がある。検査用はたとえば「あなたは内向的ですか」と質問して［当てはまる‐当てはまらない］を自己報告させる。TF 尺度（True-False scale）と呼ぶ。これに対して，評価用は「良かったですか」と質問して［良い‐悪い］の価値づけをさせる。これは GB 尺度（Good-Bad scale）という。両者の回答（＝評定値）は区別して扱わなければならない。

　検査用の評定尺度は，「どちらとも言えない」のような中間段階を必ずしも設けなくてもよい。つまり「当てはまるか」に対して［はっきりハイ，一応ハイ，ややイイエ，はっきりイイエ］のような 4 段階でもよい。検査項目の回答は評定尺度の中央に集まるからである。すなわち評定値は正規分布する。評定値が正規分布しない検査項目はむしろ不良であり，作り直さなければならない。評定値が正規分布するならば，「どちらとも言えない」に〇を付けたかった人たちもその半数は（偶然に）ハイ側に〇を付け，あとの半数は（偶然に）イイエ側に〇を付けるだろうと仮定できる。正規分布の左右対称のとおりに偶然に半々に割れるので支障がない。かえって統計分析上はデータ変動が大きくなりメリットがある。

　これに対して，評価用の評定尺度は正規分布を仮定しない（できない）。通常，

評定値は［良い vs 悪い］の良い側に偏る。すなわち Table 1-2 のように，良い側の人数が多くなるのが常態である。

このとき「どちらとも言えない」が回答欄にない場合，（あれば）そこに○を付けたかった人たちは仕方なく（偶然に）半数ずつ良い・悪いに分かれると仮定できるだろうか。Table 1-2 の「どちらとも言えない」の 20 人を，10 人ずつ良い・悪いに分けて検定するという話になる。良い側の比率が希釈されることはすぐにわかる。では，はっきりと良い・悪いを答えた［23 人 vs 7 人］のとおり 23：7 で，中間回答者の 20 人を肯定・否定に振り分けてはどうだろうか。否，そうした分配率が妥当なわけがない。その分配率を示した，はっきり良い・悪いを言える人たちの異常な少なさ自体が問題なのである。

いずれにしろ実態がゆがむ。世論調査の内閣支持率も評価データなのに，"中間段階なし"でたずねている場合が多い。「わからない」「無回答」のように欄外に置くのではなく，評定尺度上に「どちらとも言えない」を中間段階としてきちんと並べて置くべきである。無関心層の大半が良い理由も悪い理由も思い浮かばないゆえに（穏当な国民性から）「ある程度評価できる」に回っているのではないかと憂慮される。その後提示される「ほかの内閣より良さそうだから」などという理由にもならない理由への誘導にならないかと懸念される（評価不能の回答者に評価理由をもたせるようなことになる…）。

それよりも「どちらとも言えない」の人たちについて，なぜ評価を保留したのかを探究したほうが得るものが大きいのではないだろうか。保留した人たちには保留の理由をたずねる選択肢を提示すべきである。住民にはっきり白黒つけてもらいたいという議員さんの使命感も政治家として忠義に厚い。しかし「どちらとも言えない」も住民の声である。声なき声に評定のコトバを与えなければならない。データアナリストの使命はそこにある。

3

1 × J 表の分析：カイ二乗検定

1 × 3 表以上（列数が 3 以上の集計表）は，**カイ二乗検定**を用いて分析します。

基本例題　　**大学新入生はどんな関心をもっているか**

　　大学の新入生 100 人に，現在関心がある活動を 5 つの選択肢のうちから 1 つ挙げてもらった。その結果，Table 3-1 のようになった。新入生の関心にどんな特徴があるか分析しなさい。

Table 3-1　大学新入生における現在関心がある 活動の選択数（N = 100）

1. ゼミ	2. 部活	3. パーティ	4. バイト	5. 旅行
10 人	30 人	28 人	20 人	12 人

注）実際の選択肢の表記は以下のとおり。
　　1. ゼミ活動　※専攻生同士と教員の指導による討論
　　2. 部活動やサークル活動
　　3. パーティ（成人後の飲み会も含めて）
　　4. アルバイト
　　5. 各地の探訪や旅行（海外留学も含めて）

3.1　データ入力

▶▶ データ入力 I：キーボードから直接入力する

❶ STAR 画面左の【1 × J 表（カイ二乗検定）】をクリック
　　→ 1 × 6 表が表示されます。
❷【横（列）】を 5 に設定する
　　→ Table 3-1 と同じ 1 × 5 表になります。【期待比率】は［同等］のままにしておきます。
❸【度数】のセルに人数をキーボードから入力する
❹【計算！】ボタンをクリック

→Rプログラムが出力されます。
❺【コピー】をクリック　→R画面で右クリック　→ペースト
　→計算が始まり，結果が出力されます。
❻『結果の書き方』を文書ファイルにコピペする
　→以下，文章の修正を行いレポートに仕上げます。

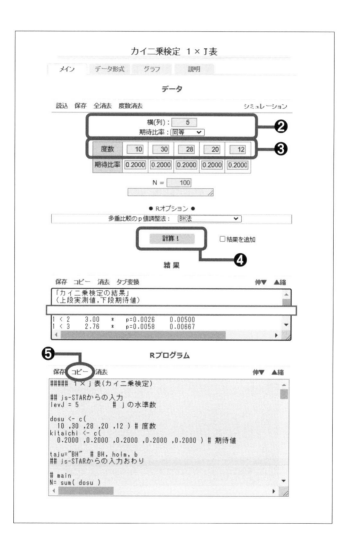

▶▶データ入力Ⅱ：他ファイルから未集計のデータを貼り付ける

　このアンケートは5つの選択肢から1個を選びます。学生数 = 100人なので，選択数 = 100になります。他ファイルのデータ入力では，各人の回答を選択肢番号[1, 2, 3, 4, 5]で入力しておいてください。もし1×3表なら[1, 2, 3]で入力し，1×6表なら［1, 2, 3, 4, 5, 6］で入力するようにします。

❶❷は［▶▶データ入力Ⅰ］と同じです。

❸ ［N =□］の下にある小窓をクリック（場所がわからないときは，Chapter 1, p.10を参照）　→小窓が大窓になります。

❹ 大窓に『XR例題データ』のデータを貼り付ける
　→【代入】をクリックすると，人数が5セルに集計されて入ります。

❺ 【計算！】ボタンをクリック
　→『Rプログラム』の枠内にプログラムが出力されます。

❻ 【コピー】　→R画面で右クリック　→ペースト
　→『結果の書き方』を文書ファイルにコピペし，修正してレポートに仕上げます。

3.2　『結果の書き方』の修正

　下記がR画面の出力です。下線部を修正します。

```
> cat(txt)  # 結果の書き方
    Table(tx1)ア)は各値の度数集計表である。
    Table(tx1)においてカイ二乗検定を行った結果，有意であった（χ2イ)
(4)=16.4，p=0.002，w=0.405，1-β=0.919）。効果量wは便宜的基準
(Cohen，1992) によると中程度以上と判断される。検出力（1-β）は十分
である。
    正確二項検定を用いた多重比較（α=0.05，両側検定）を行った結果，
度数の大きい順（値2，値3，値4，値5，値1ウ)）に記述すると，値2は値
3・値4と有意差がなく（adjusted psエ)）>0.308)，それ以降の値5・値1
よりも有意に度数が多かった（adjusted ps<0.026)。また，値3は値4と
```

有意差がなく（adjusted p=0.39），それ以降の値5・値1よりも有意に度数が多かった（adjusted ps<0.041）。値4は値5・値1と有意差がなかった（adjusted p=0.197）。これ以降にも有意差は見いだされなかった。

　以上のp値の調整にはBenjamini & Hochberg (1995)の方法を用いた。

[引用文献]

Benjamini, Y., & Hochberg (1995). Controlling the false discovery rate: A practical and powerful approach to multiple testing. Journal of the Royal Statistical Society Series B, 58, 289-300.
Cohen, J. (1992). A power primer. Psychological Bulletin, 112, 155-159.

＞

　　下線部の修正

ア　掲載必須。R出力『基本統計量』からTable 3-1を作成します。

イ　新出のχ2はギリシャ文字"カイ"の2乗です。χ^2と斜字体にします。その他の統計記号と統計量はChapter 1 (p.12)の要領を参照してください。

ウ　値1～値5をそれぞれ「ゼミ」～「旅行」の具体的な選択肢名に置換します。

エ　新出のadjusted psは，*adjusted p*まで統計記号で斜字体にします。末尾の -s は複数語尾ですので，本文の字体のまま（正立）にしておきます。*adjusted p* s となります。

以下は修正後のレポート例です。

▊ レポート例 03-1

　　Table 3-1は，新入生100名の今後の関心事を1人1個選択させたときの各選択肢の人数である。

Table 3-1 において<u>カイ二乗検定を行った結果，有意であった_ォ</u>）
（$\chi^2(4)=16.400$, $p=0.002$, $w=0.405$, $1-\beta=0.919$）。効果量 w は便宜的基準
（Cohen, 1992）によると中程度以上と判断される。検出力（$1-\beta$）は十分
である。

　<u>正確二項検定を用いた多重比較（$a=0.05$，両側検定）を行った結果_ヵ）</u>，選
<u>択数の大きい順（部活，パーティ，バイト，旅行，ゼミ）に記述すると_キ）</u>，「部
活」の選択数は「パーティ」「バイト」と有意差がなく（*adjusted p* s＞0.308），
それ以降の「旅行」「ゼミ」よりも有意に選択数が多かった（*adjusted p* s＜
0.026）。また，「パーティ」の選択数は「バイト」と有意差がなく（*adjusted
p*=0.390），それ以降の「旅行」「ゼミ」よりも有意に選択数が多かった（*adjusted
p* s＜0.041）。「バイト」の選択数は「旅行」「ゼミ」と有意差がなかった（*adjusted
p*=0.197）。これ以降にも有意差は見いだされなかった。

　以上の *p* 値の調整には Benjamini & Hochberg (1995) の方法を用いた。

結果の読み取り

　$1 \times J$ 表の分析は，**主分析**と**事後分析**（post-hoc analysis）の2段階とな
ります。

　まず，主分析として，カイ二乗検定を行います。結果は有意であり，
Table 3-1 の5セルの度数（選択数）の間に有意差があることがわかりまし
た（下線部**オ**）。

　そこで次に，事後分析として，多重比較を行います（下線部**カ**）。**多重比
較**（multiple comparisons）は多数回の比較という意味です。比較には正確
二項検定を用います。すなわち2セルずつ度数を比較し，5セルの間のどこ
と，どこに有意差があるのかを調べます。5セルの度数を2セルずつ比較す
るので，全部で10回検定を繰り返します。検定回数が多くなるので，*p* 値
は *adjusted p*（**調整後 *p* 値**）として調整されます。何回もくじを引くと当た
りが出やすいように，何回も検定すると有意差が出やすくなりますので，そ
れを防ぐために元の *p* 値を何倍かして有意になりにくくなるよう"調整"し
ます（後述の『統計的概念・手法の解説』参照）。

　多重比較においては，各度数を多い順に並べます（下線部**キ**：部活30人,

パーティ28人，バイト20人，旅行12人，ゼミ10人）。そして左から順番に，まず部活30人をパーティ28人と検定します。この差は有意でないので（*adjusted p* > 0.308），次に部活30人をバイト20人と検定します。この差も有意でないので（*adjusted p* = 0.308），さらに部活30人を旅行12人と検定します。この差は有意になりました（*adjusted p* = 0.026）。したがって次順のゼミ10人との差も有意になるはずです（*adjusted p* < 0.026）。ここで部活30人の多重比較を終えます。付記された*adjusted p*s < 0.026は，複数の*p*値が0.026より小さくなることを表しています。

さて，度数が一番多い部活30人が終わったので，2番めに多いパーティ28人について，その右隣りからまた1対1の検定を始めます。この検定の繰り返しを記述していきます。最終的に，全体として下の2カ所に有意差が見いだされました。下のような直線的な図式を作成するとわかりやすいでしょう（プレゼン向け）。

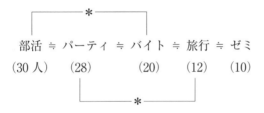

* *adjusted p* < 0.05（両側）

大学新入生の関心事として「部活」「パーティ」の選択数が，「旅行」「ゼミ」の選択数を有意に上回ったことがわかりました。高校から進学したフレッシュメンにとって部活・パーティは個人周辺の近い活動で，旅行・ゼミはどちらかというとまだ遠くにある活動なのかもしれません。大学の真髄である自由さの中でこそ初めて可能になる活動に，これから目が向いていく前段階であることが示唆されます。大学の自由さそのものが思えば遠くへ行ってしまったような気もします。　※架空のデータです。

3.3　統計的概念・手法の解説

●カイ二乗検定

1 × J 表の J = 3 以上のときは，**カイ二乗検定**（chi-square test）を用いる。これは表内に掲載された度数同士の差を，いったん χ^2 値（カイニジョウチ）という統計量に変換する。そして χ^2 値の偶然出現確率をもって，表内に生じている度数差の偶然出現確率（**p** 値）とする。いわば χ^2 値を経由して間接的に **p** 値を求める。間接的でなく直接に **p** 値を求める"正確三項検定"や"正確五項検定"のような手法があればよいのだが，ない。しかしカイ二乗検定には 1 × J 表の J が何セルになっても使えるという利点がある。次章以降で紹介するメニューにもたびたび χ^2 値が"ズレ"を表すために登場する。それほど重宝な統計量である。

検定上の帰無仮説は「各セルの度数は等しい（差がない）」となる。この帰無仮説に従えば，1 × 5 表の各セルの母比率（ここでは**期待比率**と呼ぶ）はどのセルも 0.20 である。ゆえにまた，N = 100 で各セルの期待値は 20 人（= N ×期待比率 = 100 × 0.20）となる。各セルの観測度数と，この期待値 20 人との差から，χ^2 値を計算する（下式）。

$$1 セルの \chi^2 値 = \frac{（度数 - 期待値）^2}{期待値}$$

$$\begin{array}{c} \text{Table 3-1 の} \\ \text{合計} \chi^2 値 \end{array} = \frac{(10 - 20)^2}{20} + \frac{(30 - 20)^2}{20} + \cdots + \frac{(12 - 20)^2}{20} = 16.4$$

式の分子では，度数と期待値との差を 2 乗し，差の ± を消している。差が ± のどちらに出ても，期待値からズレた大きさだけが得られる。それを期待値で割って，期待値 1 個分のズレに換算したものが χ^2 値である。χ^2 値は全セルの合計値なので，セル数が増えると必然的に増大する。そこで，χ^2 値が増大する（自由に出る）程度として**自由度**（degree of freedom, *df*）という指数を必ず χ^2 値に添えている。本例の自由度は，*df* =セル数 − 1 = 4 である。セル数 = 2 から計算が可能になるので，2 を始点としてセル数から 1 を引いて自由度とする。

観測度数と期待値が等しければ（差がなければ），式の分子はゼロ，χ^2 値も

ゼロになる。つまり帰無仮説のとおりなら$\chi^2 = 0$が最も多く出現する。しかし Table 3-1 の合計χ^2値は，$\chi^2(4) = 16.4$と大きい（カッコ内の 4 は自由度）。この偶然出現確率は$p = 0.002$しかない（χ^2値の求め方は次の『χ^2分布とp値の求め方』を参照）。判定は有意である（$p < 0.05$）。そこで帰無仮説（差がない）を棄却し，対立仮説「セルの人数間に差がある」を採択する。

● χ^2分布とp値の求め方

χ^2値の理論的分布（自由度に応じた）が知られている。下のプログラムを文書ファイルに書いて，R 画面に貼り付けると，自由度$df = 1$の標本（1×2表の度数）を無限回抽出したときのχ^2分布が描ける（下図）。

```
cell= 2      # セル数＝2
kai2= 0:20  # χ2値＝0～20
plot( dchisq(kai2, df=cell-1), ty="h", lwd=5 )
```

ヨコ軸がχ^2値，タテ軸がその出現確率を表す。帰無仮説として全セルの度数は等しいと仮定しているので，右図では$\chi^2 = 0$〜1 の微小値の出現確率が最大である。観測度数と期待値とのズレは 2 乗されプラスにしか現れないので，χ^2値はゼロから離れて右へ尾を引く分布，いわゆる L 字形分布になる。

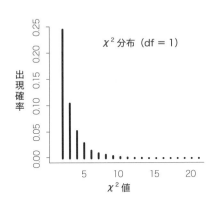

本例，セル数＝5 のχ^2分布はどんな分布になるだろうか。上記のプログラムを，cell=5 として R 画面にペーストしてみよう。すると，分布の頂点がタテ軸から離れることがわかる（$\chi^2 = 3$のバーが最大，図省略）。セル数が増えたので誤差が蓄積されたからである。つまりセル数の増加につれてχ^2分布の頂点はタテ軸から離れてゆく。

本例の$\chi^2(4) = 16.4$ は，χ^2 分布のヨコ軸 = 15 のさらに右に出現し，その出現確率は非常に小さい。そこから分布の果ての最右端までの出現確率の合計が p 値となる。R 画面で，**pchisq(16.4, df=4, low=F)** と入力すると，この p 値が求められる（$p = 0.002527$）。結果は有意である（$\chi^2(4) = 16.400$, $p = 0.002$）。χ^2 値は差の 2 乗値であり，差の方向性を消しているので，どっちが多いか（少ないか）という片側検定はできない。両側検定にしかならないので片側・両側検定の付記は不要である。

●カイ二乗検定の制約

χ^2 分布を描いてみて，気づいただろうか。描かれた χ^2 分布は，ずいぶん "すき間" がある。すき間のない理論的 χ^2 分布を描いてみよう。下のプログラム（kai2 の行（2 行め）だけ書き換えた）を R 画面に貼り付けると，なめらかな理論的 χ^2 分布が描ける。

```
cell= 5                      # セル数＝5
kai2= seq( 0, 20, 0.01 )     # χ2値＝0 〜 20, 0.01刻み
plot( dchisq(kai2, df=cell-1), ty="h", lwd=3 )
```

これは $N = \infty$ の理論的分布である。しかしながら現実の N は常に有限なので，カイ二乗検定が実際に用いている "χ^2 分布" は実はなめらかな理論的分布ではない。直前まで描いてきた，すき間だらけの分布を実際用いているのである。このため，カイ二乗検定の p 値は理論的分布の正確な p 値ではなく，近似計算の結果である。

理論的分布に近づける補正法が提案されているが適用範囲が狭いし，また結局，近似値であることに変わりはない。特に次の条件下では，この近似がかなり悪くなり，p 値は不正確で信頼性が低いとされる。

＊総度数が $N = 50$ 未満である

＊度数 = 0 のセルがある

＊期待値 = 5 未満のセルがある（全セル数の 20％ 以下なら許容される…と言われる）

直接に p 値を計算する正確二項検定はこうした制約を受けない。ただし正確検定は 1×2 表，2×2 表くらいにしか使えない。この点，実用的にはカイ二乗検定の有用さが優る。以上の制約を承知しておけば，カイ二乗検定の使用を控える理由はまったくない。

●多重比較と p 値の調整

　表内の度数間に「有意差がある」ことになったので，次に，どの度数間に差があるのかを調べる。それが多重比較である。2 セルずつ人数を検定する。1×5 表は合計 10 回の検定数となる。ここで**多数回検定問題**（multiple test problem）が生じる。これは何回も検定を繰り返すと不当に多くの有意性が得られるという問題である。

　この対策には，有意差の調整法と p 値の調整法の 2 通りがある。有意差の調整法は，最初に $a = 0.05$ の出現確率を示す差を求めておいて，これを検定回数に応じて"拡大"する。この"拡大した差"を超えないと有意と判定しない。これで標本の差を有意になりにくくしている。ただし有意差の拡大の仕方が複雑であり，適用上の制約も多い。

　これに対して，p 値の調整法は，検定の最終出力である p 値に絞った調整法であり，それ以前のデータと検定過程に関わる制約をほとんど受けない。単純に p 値を何倍かして有意になりにくくする。STAR の R プログラムは，この簡明で制約のない調整法を採用し，Benjamine & Hochberg(1995)の調整法（以下，**BH 法**）を標準設定としている。オプションとして他の調整法（**Holm（ホルム）法**と **Bonferroni（ボンフェローニ）法**）も STAR 画面で選べる。

　p 値の調整の仕方は，たとえば 10 回の検定で求めた 10 個の p 値を，最小から最大へと並べる。そして最小の p 値を 10 倍する。その後，Bonferroni 法は他のすべての p 値も 10 倍する。Holm 法は最小 1 位の p 値は 10 倍するが，最小 2 位の p 値は 9 倍，最小 3 位の p 値は 8 倍，…と倍率を落としていく（最大の p 値は 1 倍）。BH 法は最小 1 位の p 値は 10 倍，最小 2 位の p 値は 10 ／ 2 倍（= 5 倍），最小 3 位の p 値は 10 ／ 3 倍（= 3.33 倍），…と"検定総数/最小順の順位"を倍率として掛ける。

　この他にも多様な方法があるが，BH 法が最も有意差を得やすい。どんな分析結果も追試の反復によって最終評価が下されると考えるべきである。その意

味で"有意差なし"で見限ってしまうよりも，積極的に有意差を拾ってくれる BH法をここでは採用している。今がすべてのような結論を出すことに執着するよりも，次回に確証を試みるほうが生産的である。

応用問題
期待比率不等のカイ二乗検定

　ネイルアート（爪のお化粧）の色について，女子学生 47 人に 10 色の見本画像を提示し，使ってみたい色を選んでもらった。10 色は透明, 黄緑, 深緑, 青, 薄いピンク，濃いピンク，オレンジ，赤，紫，水色である。各色の選択者数を Table 3-2 に示す。カイ二乗検定を行い，ネイルカラーの好みにどんな傾向があるか分析しなさい。なお，度数＝ 0 のセルがあるので，セル同士を適宜併合し，**期待比率不等**の検定を行うこと。　※練習用データはありません。

Table 3-2　ネイルカラーの好み（$N = 47$）

透明	黄緑	深緑	青	薄ピ	濃ピ	オレ	赤	紫	水色
7人	6人	0人	11人	15人	3人	3人	0人	1人	1人

注）カラーの見出しの略称は以下のとおり。
　　薄ピ：薄いピンク
　　濃ピ：濃いピンク
　　オレ：オレンジ

分析例

　本例はカイ二乗検定の制約にいろいろ引っ掛かります。対象者数 $N = 47$ 人で 50 人に足りません。それは許容範囲としても選択数＝ 0 のセルがあり，また期待値は 1 セル当たり 5 未満になります（$N ／ 10$ セル = 4.7 人）。そこでセルの併合を試みます。併合は次の方針で行ってください。

＊度数＝ 0 のセルを作らない
＊できるだけ近似した度数のセル同士を併合する
＊併合後のセル数をできるだけ少なくする（セル数が多いと多重比較で有意性が得られにくい）

併合の仕方はいくつか考えられますが，結果次第です。有益な知見が得られる併合が"正解"です。ここでは近い人数の2セルずつを併合し，残りを「その他」にまとめました：13人（2セル），26人（2セル），6人（2セル），2人（4セル）。どのように併合したかは次の『レポート例』で確認してください。

　STAR画面では【横（列）】＝4と設定し，人数［13, 26, 6, 2］を入力します。
　オプションで【期待比率】＝不等，と指定して，併合したセル数［2, 2, 2, 4］を入力します。
　実行後，R出力の『結果の書き方』を修正したレポート例が下記です。

▢ レポート例 03-2

　Table 3-2は，10色のネイルカラーの選択人数の集計表である。

　Table 3-2において，近似した選択数を併合し，透明＋黄緑＝13人，青＋薄いピンク＝26人，濃いピンク＋オレンジ＝6人，その他4色＝2人について，併合したセル数を期待比率とするカイ二乗検定を行った結果，有意であった（$\chi^2(3)$=46.936, p=0.000, w=0.999, $1-\beta$=1）。効果量 w は便宜的基準（Cohen, 1992）によると大きいと判断される。検出力（$1-\beta$）は十分である。

　正確二項検定を用いた多重比較（a=0.05，両側検定）を行った結果，標本・期待比率の差の大きい順（青＋薄いピンク[ア]，透明＋黄緑，濃いピンク＋オレンジ，その他）に記述すると，青＋薄いピンクは，透明＋黄緑，濃いピンク＋オレンジ，"その他"よりも有意に標本・期待比率の差が大きい傾向があった（$adjusted\ p$ s＜0.064[イ]）。また，透明＋黄緑は，濃いピンク＋オレンジと有意差がなく（$adjusted\ p$=0.167），それ以降の"その他"よりも有意に標本・期待比率の差が大きかった（$adjusted\ p$=0.000）。濃いピンク＋オレンジは"その他"よりも有意に標本・期待比率の差が大きかった（$adjusted\ p$=0.029）。

　以上の p 値の調整には Benjamini & Hochberg (1995) の方法を用いた。

▰ 結果の読み取り：標本比率と期待比率の差

　期待比率同等の場合は，各セルの度数の多さ・少なさをそのまま比較でき

ました。しかし期待比率不等の場合は，それができません。ここでは，1セルにおける標本比率と期待比率の差を，他のセルの標本・期待比率の差と比較します。それゆえ，一方の度数が他方の度数よりも有意に多いというのではなく，「あるセルの標本・期待比率の差が他のセルの標本・期待比率の差よりも有意に大きい」という表現になります。

　この標本・期待比率の差が一番大きかったネイルカラーは，青＋薄いピンクでした（下線部**ク**）。次順の透明＋黄緑との間に有意傾向の差が見られました（*adjusted p*=0.064）。青＋薄いピンクは，空や花のイメージの淡い自然色であり，自然志向として最も好まれる傾向があるようです。次順の透明＋黄緑は濃いピンク＋オレンジと有意差がなく，それらは自身の個性を表すのにふさわしい代表的な色なのではないかと思われます。"その他"とされた4色は好きな色というよりは，何か特別の意図で選ばれる色なのかもしれません。　※部分的に実測データに基づいています。

　下線部**ケ**の *adjusted p* s＜0.064 は明確な有意（*p*＜0.05）ではなく有意傾向です。**有意傾向**（tendency to be significant）とは，*p* 値が 0.05 〜 0.10 の範囲に入ったときの判定です。「有意になりそうな傾向」として有望と見ます。ただし有意傾向を採らない主義の研究者もいますので，レポートの提出先にあわせて判断してください。もし有意傾向を採らないなら，下線部**ケ**の該当結果は次のように差し替えます。

［現］透明＋黄緑…よりも有意に標本・期待比率の差が大きい傾向があった（*adjusted p* s＜0.064）。
　　　　↓
［改］透明＋黄緑と有意差がなく，それ以降の濃いピンク＋オレンジよりも標本・期待比率の差が大きかった（*adjusted p* s＜0.001）。

　有意傾向の差を採らないときは明確な有意差（*adjusted p*＜0.05）になる相手を，R 出力の『多重比較』において見つけて，その相手とその *p* 値を記載するようにしてください。

4

2×2表の分析：
Fisher's exact test

2×2表は実験計画の基本です。2×2表の分析には，近似値ではない正確な p 値を計算する Fisher（フィッシャー）の正確検定を用います。

基本例題　**新薬は症状の改善に有効か**

　新型ウイルスの感染症に対する新しい治療薬の効果を検証するため感染者の同意を得て新薬を投与した20人（投薬群）と，新薬を投与していない他の20人（統制群と呼ぶ）の経過観察を行った。その結果，高熱や体調不良などの病状の改善が見られた人数が，Table 4-1 のようになった。新薬は改善効果があるといえるか。統計的検定を行って証明しなさい。

Table 4-1　**投薬群と統制群における改善あり・なしの人数**（$N = 40$）

	改善あり	改善なし
投薬群	15人	5人
統制群	6人	14人

4.1　データ入力

▶▶データ入力Ⅰ：キーボードから直接入力する

❶STAR 画面左の【2 × 2 表（Fisher's exact test）】をクリック
　→ Table 4-1 と同じ枠組みが表示されます。

❷各セルに Table 4-1 の人数を入力する

❸［区間推定の信頼水準］を選択する
　→検定目的のときは［0.95］のままにします。実用目的のときは［0.80］を推奨します。

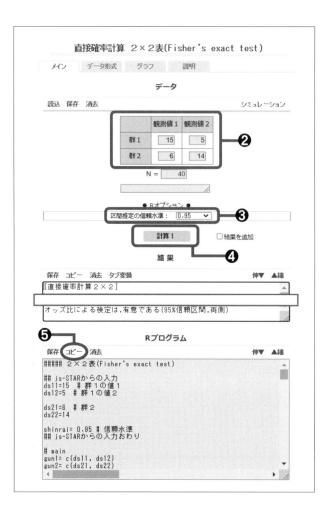

❹ 【計算！】ボタンをクリック　→Ｒプログラムが出力されます。

❺ 【コピー】をクリック　→Ｒ画面で右クリック　→ペースト
　→出力された『結果の書き方』を文書ファイルにコピペし，以下，文章の
　修正を行い，レポートに仕上げます。

▶▶データ入力Ⅱ：他ファイルから未集計のデータを貼り付ける

　他ファイルのデータ入力では，参加者ごとに投薬群＝１，統制群＝２と入力
し，改善あり＝１，改善なし＝２と入力しておきます。次のようなデータリス

トになります（『XR 例題データ』にデータあり）。

参加者	群	改善の有無	
01	1	1	
02	1	1	
:	:	:	
19	1	2	
20	1	1	← 20 人めまで投薬群
21	2	2	← 21 人めから統制群
22	2	1	
:	:	:	
39	2	2	
40	2	2	

❶ js-STAR の【2 × 2 表（Fisher's exact test）】をクリック
　→ Table 4–1 と同じ枠組みが表示されます。
❷ 集計表の直下の小窓をクリック　→小窓が大窓になります。
❸ 大窓に『XR 例題データ』からデータを貼り付けて【代入】をクリック
　→ Table 4–1 と同じ人数が入ったかを確認します。
❹【計算！】ボタンをクリック
　→ R プログラムを R 画面にコピペし，以下，［▶▶データ入力 I ］と同じ
　手順になります。

4.2　『結果の書き方』の修正

　下記が R 画面の出力です。下線部を修正するだけで分析レポートが出来上
がります。

```
> cat(txt) # 結果の書き方
  Table(tx1) ㋐ は群×値の度数集計表である。
  Table(tx1) において Fisher の正確検定を行った結果，有意であり
(p=0.01, odds ratio ㋑ =6.615, 両側検定)，群 1 の値 1 ㋒ の比率が群 2
```

の値 1 の比率よりも有意に大きいことが見いだされた。なおオッズ比は条件付き最尤推定値である。連続性修正 χ^2 値より算出した効果量 w は便宜的基準（Cohen, 1992）によると中程度以上と判断される（w=0.401, 1−β=0.717）。また検出力（1−β）はやや低いが 0.70 以上あり不十分ではない。

　群 1 の群 2 に対するオッズ比について，その 95％信頼区間は 1.457 − 35.738 と推定される。また，群 1 と群 2 の値 1 の比率差について，その 95％信頼区間は 0.124 − 0.776 と推定される。

[引用文献]

Cohen, J. (1992). A power primer. Psychological Bulletin, 112, 155-159.

＞

（ 下線部の修正 ）

ア 必須。R 出力『基本統計量』から Table 4-1 を作成します。

イ 新出の odds ratio は統計記号です。斜字体にしてください。

ウ 群 1，群 2 をそれぞれ「投薬群」「統制群」，値 1，値 2 をそれぞれ「改善あり」「改善なし」に置換します。

これで出来上がりです。レポートは次のようになります。

▢ **レポート例 04-1**

　Table 4-1 は，投薬群・統制群の症状の「改善あり」「改善なし」の人数集計表である。

　Table 4-1 において Fisher の正確検定を行った結果，有意であり（*p*=0.010, *odds ratio*=6.615, 両側検定），投薬群の「改善あり」の比率が統制群の「改善あり」の比率よりも有意に大きい[エ] ことが見いだされた。なおオッズ比は条件付き最尤推定値である。連続性修正 χ^2 値より算出した効果量 *w* は便宜的基準（Cohen, 1992）によると中程度以上と判断される（*w*=0.401, 1−*β*=0.717）。

また検出力（$1-\beta$）はやや低いが 0.70 以上あり不十分ではない。$_{オ)}$

　投薬群の統制群に対するオッズ比について，その 95％信頼区間は 1.457 − 35.738 と推定される。$_{カ)}$ また，投薬群と統制群の「改善あり」の比率差について，その 95％信頼区間は 0.124 − 0.776 と推定される。$_{キ)}$

結果の読み取り

　「改善あり」の比率が，投薬群＞統制群であることが証明されました（下線部**エ**）。「改善あり」の標本比率は投薬群 0.75（＝ 15 ／ 20 人），統制群 0.30（＝ 6 ／ 20 人）です。その差（＝ 0.45）以上のサンプルが，差＝ 0 と仮定した母集団から偶然に出現する確率は p = 0.010 しかないということです。もちろん有意です。

　統制群の"改善"は患者自身の自然治癒力によるものと思われます。その自然治癒の改善率より 0.45 も大きい治癒率の上昇が投薬群に見られたわけです。これで新薬の有効性が示唆されました。

　両群の**比率差** 0.45 は新薬の効果のサイズを表しています。これとは別に，効果のサイズを差ではなくて倍率で表しているのが**オッズ比**です。***Odds ratio*** = 6.615 は，自然治癒（統制群）の改善程度に比べて，新薬の改善程度が 6 倍強も大きいことを意味しています（後述）。

　オッズ比の値には一律の評価基準はありません。先行研究のオッズ比と比較して同等か，大きいか小さいかを判断し，なぜそうなったのかを考察するようにします。もし，そうした考察を記述することができるなら，下線部**オ**の前半の効果量 w の記述部分は評価が重複するので削除したほうが適切です。

　信頼区間推定は，オッズ比または比率差のどちらかを採用すれば OK です（下線部**カ** or 下線部**キ**）。他方は削除してかまいません。これもまた信頼区間の幅を他の研究と比べることが推奨されます。

　なお，投薬による現実の改善効果を予想したい場合は，比率差の信頼区間推定（下線部**キ**）のほうを利用します。たとえば，投薬群と統制群の「改善あり」の比率差について区間の下限は 0.124 です。ゆえに投薬群 n = 20 で，同数と想定した非投薬群との間には最少でも 20 × 0.124 = 2.48 人という症状改善者の差が生じると予測されます。

4.3 統計的概念・手法の解説

●統制群

　2×2表は，2群×2値の最もシンプルな実験デザインであり，医学統計で
よく見られる。

　2群の一方は実験群，投薬群，治療群，曝露群などさまざまな実験操作（医
療処置）を表す名前で呼ばれる。他方は**統制群**（control group）と呼ぶ。統
制群は実験操作を行わない，または偽装した実験操作を行うという点だけが実
験群と異なる。それ以外は実験群と同一条件になるよう統制される。この統制
群との差異が"効果"として評価される。

　投薬の場合，通常，統制群は新薬の有効成分を除いた偽薬（placebo，プラ
スィーボ）を与える。患者の"薬を与えられた"という意識自体が作用すると，
偽薬でも効果をもつ場合がある。これをプラスィーボ効果と呼ぶ。プラスィー
ボ効果を防ぐためには，患者が新薬と偽薬のどちらを与えられたかわからない
ようにする。と同時に，医師自身も新薬と偽薬のどちらをどの患者に投与した
かわからないようにすることが，手続上要請される。これを患者・医師の両者
に見えなくするという意味で**二重盲検**（double blind test）と呼んでいる。そ
こまでして初めて本当に統制群（統制条件）を設置したといえる。

●オッズ比

　2×2表に特有の効果量として**オッズ比**（odds ratio）がある。2×2表の周
辺度数（行と列の小計）を算入した条件付き最尤推定法で求める。表内度数だ
けを用いる「標本オッズ比」は次の式で与えられる。

$$\text{Table 4-1の} \atop \text{標本オッズ比} = \frac{\text{投薬群の改善あり数／改善なし数}}{\text{統制群の改善あり数／改善なし数}} = \frac{15／5}{6／14} = 7.000$$

　この式からわかるように，オッズ比 =1 なら投薬群と統制群の改善効果は1
倍であり，等しい。オッズ比が1倍を超えると投薬群の改善効果のほうが大き
く，オッズ比が1倍未満なら統制群の自然治癒力のほうが大きい。新薬は逆に
悪化を招いたことになる。最善の結果はオッズ比 = ∞ であり，分子 = 20／0

となり，全員完治に向かう。前述したように，オッズ比自体は慣例の評価基準がない。他の研究のオッズ比との比較において評価される。

●連関係数

2 × 2表の効果量 w は連関係数 ϕ（ファイ，phi）と一致する（$w = \phi$）。効果量 w も連関係数 ϕ も 2 × 2表の行と列の関連の強さを表す。$\phi = 1$ なら完全連関であり，2 × 2表の対角線上の 2 セルだけに度数が入り，他方の対角線上の 2 セルは度数＝ゼロとなる。$\phi = 0$ なら無連関であり，4 セルに均等に度数がバラつく。

「効果量」と「連関」という用語はテーマによって使い分ける。本例のような新薬に効果があるかどうかを問題とする場合は「効果量」が適する。対して，たとえば「夏と冬のどちらが好きですか」と「海と山のどちらが好きですか」に関連があるかどうかを問題とするケースでは「連関」が適する。効果が見いだされたというよりは，「夏が好きな人は海を好み，山が好きな人は冬を好むという強い連関が見いだされた」という知見になる。R 出力の『結果の書き方』は「効果量」ベースの書き方になっているので，「連関」が適する場合は下記の一文を差し替えていただきたい。

［現］連続性修正 χ^2 値より算出した効果量 w は便宜的基準（Cohen, 1992）によると中程度以上と判断される（$w = 0.401, 1 - \beta = 0.717$）。

↓

［改］連続性修正 χ^2 値より算出した連関係数 ϕ は便宜的基準（Cohen, 1992）によると中程度以上と判断される（$\phi = 0.401, 1 - \beta = 0.717$）。

なお 2 × 2表では連関係数は効果量 w と一致するが（$\phi = w$），2 × 2表以上の連関は ϕ ではなく Cramer（クラメール）の連関係数 V を適用するので一致しない（$V < w$）。しかしその際も i × J 表全般の効果量は w を一律に用いる。もし *Cramer's V* を要求されたら，STAR 画面の『結果』の枠内で入手できる。

下の2×2表のうち，検定の結果，有意になるものに○，有意にならないものに×を ［　］内に書きなさい。

表A ［　　］

	値1	値2
実験群	16	4
統制群	5	15

表B ［　　］

	値1	値2
実験群	18	2
統制群	19	1

表C ［　　］

	値1	値2
実験群	3	17
統制群	2	18

表D ［　　］

	値1	値2
実験群	11	9
統制群	8	12

解答例

表Aのように対角線的に度数が集中すると，有意になります。

表B，表Cのように値1と値2の間に大きな度数の差があっても有意になりません。表Dの度数の差は偶然誤差です。答えは表Aが○，表B～Dは×となります。

2×2表の検定が値1と値2の比較ではなく，実験群と統制群の比較であることがわかります。すなわち，下に示したように**実験群と統制群で大小符号が違ったとき有意**になるわけです。

表A ［ ○ ］

	値1		値2
実験群	16	>	4
統制群	5	<	15

表B ［ × ］

	値1		値2
実験群	18	>	2
統制群	19	>	1

表C ［ × ］

	値1		値2
実験群	3	<	17
統制群	2	<	18

表D ［ × ］

	値1		値2
実験群	11	≒	9
統制群	8	≒	12

したがって次の2×2表も，大小符号が上下で違うので有意になります。

	値1		値2
実験群	18	>	2
統制群	10	=	10

	値1		値2
実験群	11	≒	9
統制群	2	<	18

Chapter 5

i × J 表：カイ二乗検定

　2次元（タテ×ヨコ）の集計表全般に対する汎用型の検定として，カイ二乗検定を実行します。カイ二乗検定そのものよりも，その後の残差分析，多重比較がポイントになります。

基本例題　　**成績評価に年度間の差は見られるか**

　大学教養課程のある授業科目について，2019 〜 2021 年度の単位認定グレード（秀・優・良・可）の取得者数を集計した結果，Table 5-1 のようになった（単位認定不可の人数は除いた）。年度による違いがあるかどうかを検定しなさい。なお 100 点換算で，グレード秀は 90 点以上，優は 80 点以上，良は 70 点以上，可は 60 点以上とした。　　※ Table 5-1 の行の合計，列合計の欄は通常不要。

Table 5-1　年度別の単位認定者数（N = 209）

年度	秀	優	良	可	合計
2019	15	21	24	10	70
2020	21	6	21	25	73
2021	17	11	21	17	66
列合計	53	38	66	52	209

5.1　データ入力

▶▶データ入力Ⅰ：キーボードから直接入力する

❶STAR 画面左の【i × J 表（カイ二乗検定）】をクリック

　→縦行＝ 3，横列＝ 4 と設定します。

❷各セルに Table 5-1 と同じ人数を入力する

　→入力後，［保存］をクリックするとデータを保存できます。

　　［読込］で同じデータをで呼び出すことができます。

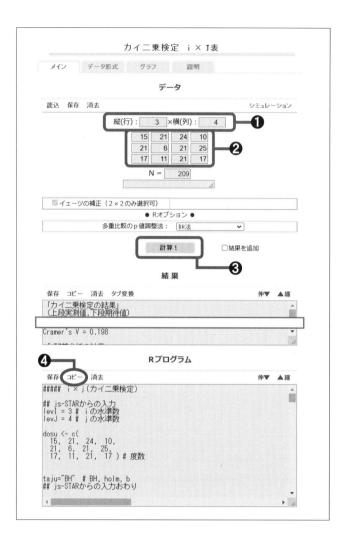

❸【計算！】ボタンをクリック　→Rプログラムが出力されます。

❹ Rプログラムを【コピー】　→R画面で右クリック　→ペースト

❺『結果の書き方』を文書ファイルにコピペする

　→以下，文章の修正を行い，レポートに仕上げます。

▶▶ データ入力Ⅱ：他ファイルから未集計のデータを貼り付ける

　他ファイルにおけるデータ入力では，2019 年度 = 1, 2020 年度 = 2, 2021 年度 = 3 と，1 から始まる整数値で入力しておきます。また，単位認定グレードも，秀 = 1, 優 = 2, 良 = 3, 可 = 4 と，これも 1 から始まる整数値で入力するようにします。次のようなデータリストになります。

学生	年度	グレード	
01	1	4	
02	1	1	
⋮	⋮	⋮	
70	1	3	← 70 人めまで 2019 年度
71	2	2	← 71 人めから年度が変わる
72	2	4	
⋮	⋮	⋮	
143	2	1	← 143 人めまで 2020 年度
144	3	4	←ここから 2021 年度になる
⋮	⋮	⋮	

❶ STAR 画面左の【i × J 表（カイ二乗検定）】をクリック
　→縦行 = 3，横列 = 4 と設定します。
❷ ［N =□］の直下の小窓をクリック　→小窓が大窓になります。
❸ 大窓に『XR 例題データ』からデータを貼り付けて【代入】をクリック
　→ Table 5-1 と同じ人数が入ったかを確認します。
❹【計算！】ボタンをクリック　→以下，［▶▶データ入力Ⅰ］と同じ手順になります。

5.2 『結果の書き方』の修正

　以下が R 出力です。下線部を修正してください。

> cat(txt) # 結果の書き方
　Table(tx0) ア) は各群の度数集計表である。

Table(tx0) においてカイ二乗検定を行った結果，有意であった（$\chi 2(6)$ =16.309, p=0.012, w=0.279, $1-\beta$ =0.877）。効果量wは便宜的基準（Cohen, 1992）によるとほぼ中程度と判断される。検出力（$1-\beta$）は十分である。

　調整された残差を <u>Table(tc4) ィ)</u> に示す。各セルの残差について両側検定（α =0.05）を行った結果，<u>群1において値2 ゥ)</u> の度数が期待度数より有意に多く（z=3.144, adjusted p=0.02），また値4の度数が期待度数より有意に少なかった（z=-2.514, adjusted p=0.047）。群2においては値2の度数が期待度数より有意に少なく（z=-2.736, adjusted p=0.037），<u>また値4の度数が期待度数より有意に多い傾向があった（z=2.295, adjusted p=0.065）ェ)</u>。

　Fisherの正確検定を用いた群の多重比較（α =0.05，両側検定）の結果，群1と群2の間（adjusted p=0.003）に有意差が見いだされた。

　以上のp値の調整にはBenjamini & Hochberg（1995）の方法を用いた。

[引用文献]

Benjamini, Y., & Hochberg (1995). Controlling the false discovery rate: A practical and powerful approach to multiple testing. Journal of the Royal Statistical Society Series B, 58, 289-300.
Cohen, J. (1992). A power primer. Psychological Bulletin, 112, 155-159.

＞

下線部の修正

ア　必須。R出力『度数集計表』から Table 5-1 を作成します。

イ　省略可。残差の Table はスペースに余裕があるなら掲載推奨です。R 出力『残差分析』と『残差の調整後有意確率』を統合し，次のような Table 5-2 を作成します。

Table 5-2　各セルの調整された残差

	値 1	値 2	値 3	値 4
群 1	-0.927	3.144*	0.597	-2.514*
群 2	0.830	-2.736*	-0.641	2.295 +
群 3	0.090	-0.386	0.050	0.199

注）調整後 p 値で $^+$ p<.10, * p<.05（両側）。

ウ　群 1 〜群 3 をそれぞれ「2019 年度」「2020 年度」「2021 年度」に，値 1 〜値 4 をそれぞれ「秀」「優」「良」「可」に置換します。

エ　R プログラムは有意傾向（$p < 0.10$）まで採用します。有意傾向を採らないときは，下のように当の記述部分を削除してください。

［現］2020 年度においては「優」の取得者数が期待度数より有意に少なく（z=-2.736, **adjusted** p=0.037），また「可」の度数が期待度数より有意に多い傾向があった（z=2.295, **adjusted** p=0.065）。

　　　↓

［改］2020 年度においては「優」の取得者数が期待度数より有意に少なかった（z=-2.736, **adjusted** p=0.037）。

以上の修正後は，次のようなレポートになります。残差の Table は省略しています。

▢ レポート例 05-1

Table 5-1 は，年度別の単位認定グレードの取得者数を集計したものである。
Table 5-1 において<u>カイ二乗検定を行った結果，有意であった</u>ォ）
（$\chi^2(6)$=16.309, p=0.012, w=0.279, $1-\beta$=0.877）。<u>効果量 w は便宜的基準（Cohen, 1992）によるとほぼ中程度と判断される。検出力（$1-\beta$）は十分である。</u>ヵ）
<u>調整された残差について両側検定（a=0.05）を行った</u>ォ）結果，2019 年度において「優」の取得者数が期待人数より有意に多く（z=3.144, **adjusted** p

=0.020），また「可」の取得者数が期待人数より有意に少なかった（z=−2.514, *adjusted p*=0.047）。2020 年度においては「優」の取得者数が期待人数より有意に少なく（z=−2.736, *adjusted p*=0.037），また「可」の取得者数が期待人数より有意に多い傾向があった（z=2.295, *adjusted p*=0.065）。

<u>Fisher の正確検定を用いた年度間の多重比較（a=0.05, 両側検定）</u>$_{ケ})$ の結果，2019 年度と 2020 年度の間（*adjusted p*=0.003）に有意差が見いだされた。

以上の p 値の調整には Benjamini & Hochberg（1995）の方法を用いた。

結果の読み取り

　主分析として，カイ二乗検定の結果が有意でした（下線部**オ**）。レポートの提出先が専門学会なら，下線部**カ**の効果量と検出力の評価部分は削除しても OK です。研究者間では効果量・検出力の評価基準は熟知されています。

　主分析に続く事後分析として，第 1 に残差分析，第 2 に多重比較を行います。

　第 1 に，残差分析によって 3 × 4 表のどのセルの人数が偶然以上に多かったか（少なかったか）を探し出します（下線部**キ**）。このため残差分析は，1 セルごとに観測数と期待度数とのズレ（**残差**という）を求め，この残差の偶然出現確率（p 値）を判定します。それが有意なら，そのセルのおかげで主分析の χ^2 値が有意になったということです。

　結果として，残差が有意（または有意傾向）と判定されたセルは 4 つありました。残差の記号は z です。z は "zansa" の頭文字ではなく標準正規分布の値（分位点）を表します。z がプラスなら観測数が期待度数より多く，マイナスなら観測数が期待度数より少ないと読みます。したがって 2019 年度の「優」が多く，「可」が少ない，そして 2020 年度の「優」が少なく，「可」が多い（傾向がある）と判明しました。これら 4 セルの残差が，3 × 4 表全体の χ^2 値を押し上げたのです。

　実は，2019 年度は通常の教室授業でしたが，翌年度，2020 年度は新型ウイルスの世界的流行で感染防止のためオンライン授業に切り替えた年度でした。前年度に「優」が多く，切り替えた年度に「優」が少なくなったわけです。そこに影響が現れたことが示唆されます。しかしながら，さらに続く 2021 年度もオンライン授業を継続しましたが，有意となったセルはありません

でした。前年度，2019 年度と 2020 年度の中間的な成績まで回復したようです。　※架空のデータです。

　さて事後分析の第 2 に，下線部**ク**以降で，年度間の有意差を多重比較によって検定します。この多重比較の結果も，2019 年度と 2020 年度との間に有意差があることを確証しました。しかし続く 2021 年度との有意差は見いだされていません。つまり 2021 年度は，やはり前 2 年度を平均化した中間的な成績分布になったことを裏書きしています。感染防止で急きょ導入されたオンライン授業が，年度を経て安定運用に向かい，以前の教室授業の成果レベルに戻りつつあることが示唆されます。

5.3　統計的概念・手法の解説

●カイ二乗検定と残差分析

　カイ二乗検定の帰無仮説は，各年度の各グレード取得者の人数を，いずれも同一の母集団から抽出されたものと仮定する。すなわち，この母集団における［秀，優，良，可］の母比率を，Table 5-1 の列合計［53，38，66，52］の相対比率［0.2536，0.1818，0.3158，0.2488］とみなす。これを本来の母比率と仮定して，その母比率のとおりに各年度の［秀，優，良，可］の標本比率がはたして出現しているか否かを検定する。

　たとえば 2019 年度の受講生数 n = 70 人中，「優」取得者は，母比率 0.1818 のとおりとするならば n × 0.1818 = 70 × 0.1818 = 12.73 人になると期待される。実際の「優」取得者 21 人は，この期待度数 = 12.73 をかなり上回った。このズレ = 21 − 12.73 = 8.27 を残差と呼ぶ。

　残差 = 8.27 を期待度数 1 個分に換算するとそのセルの χ^2 値になり，全 12 セルの合計 χ^2 値（= 16.309）で表全体のカイ二乗検定を行う。

　一方で，残差 = 8.27 を，この 1 セルだけについて有意性を検定するのが**残差分析**（analysis of residuals）である。このため残差 = 8.27 を，標準正規分布（平均 = 0, 標準偏差 = 1）に当てはまるよう調整する。たとえば 2019 年度の「優」のセル（群 1 の値 2）の調整された残差は 3.14 であり，次の式で計算

される（Table 5-1 の総度数 N = 209，行合計 = 70，列合計 = 38）。

※ Haberman, S. J.（1974）. *The analysis of frequency data.* University of Chicago Press.

$$
\begin{array}{l}
2019\text{年度の「優」} \\
\text{のセルの調整さ} \\
\text{れた残差}
\end{array}
= \frac{残差}{\sqrt{期待度数 \times \left(1 - \dfrac{行合計}{N}\right) \times \left(1 - \dfrac{列合計}{N}\right)}}
$$

$$
= \frac{21 - 12.73}{\sqrt{12.73 \times \left(1 - \dfrac{70}{209}\right) \times \left(1 - \dfrac{38}{209}\right)}} = 3.14
$$

　調整された残差 = 3.14 の偶然出現確率（p 値）は，標準正規分布から求められる（p = 0.0008, *adjusted p*=0.0099）。こうして個別に 1 セルずつ検定する。これは多数回検定となるので，p 値も調整される。有意なセルは，そのセル単独として観測数が期待度数よりも有意に多い（または少ない）といえる。調整前の p 値については，STAR 画面の『結果』の枠内を参照してください。

●カイ二乗検定における多重比較
　本例のように 3 群程度であれば，残差分析の結果だけで 3 群間の違いはほぼ明らかになる。群間の多重比較をさらに行う必要はあまりない。本例も 2019 年度と翌 2020 年度の違いは，残差のプラス・マイナスの相反関係（2019 年度の「優」の残差がプラスなら，2020 年度の「優」の残差がマイナスになる）から明らかである。実際，多重比較も両年度の間だけに有意差があることを示した。知見の確定としてわかりやすいなら多重比較の記述も採用してもよいが重複した印象を与えるなら省いても可である。
　ただし次の場合，むしろ積極的に多重比較を行ったほうがよい。

・群の数が多い場合
・残差の相反関係が明確でない場合

下段のケースは，たとえば 2020 年度・2021 年度の「優」の残差がともに有意にプラスというような場合である。この場合，両年度の「優」の取得者が同程度に多いのか，どちらかがさらにいっそう取得者が多いのか，いずれかの可能性がある。それを多重比較で明らかにする。

　js-STAR の R プログラムは，多重比較に Fisher の正確検定が使えるときはそれを使う。正確検定が計算過多で使えないときは 2 × J のカイ二乗検定を用いている。

応用問題
3 × 5 表におけるセルの併合

　大学の文学部・経済学部・工学部の学生を対象に，スマートフォン以外で日常生活に無くてはならないモノを，5 つの選択肢（ＴＶ，冷蔵庫，ＰＣ，電子レンジ，炊飯器）から 1 つだけ挙げてもらった。その結果，Table 5-3 のようになった。

Table 5-3　日常生活に無くてはならないモノの選択数（$N = 124$）

	ＴＶ	冷蔵庫	ＰＣ	電子レンジ	炊飯器
文学部　　（n=44）	18	15	5	6	0
経済学部 （n=36）	5	13	10	5	3
工学部　　（n=44）	6	15	19	3	1

注）ＴＶはテレビ，ＰＣはパソコンを表す。

　Table 5-3 において 3 × 5 のカイ二乗検定を行ったところ，『結果の書き方』は次のように出力された。

```
> cat(txt)
    Table(tx0) は各群の度数集計表である。
    Table(tx0) においてカイ二乗検定を行った結果，有意であった
    (χ2(8)=22.773，p=0.003，w=0.429，1-β =0.95)。ただし度数 0 の
    セルがある ヶ) ため，χ2 値の近似計算は正確ではない。参考までに
    分析を進める。
```

> また期待度数 5 未満のセルが見られ（Table(tx9) 参照），全セル数の 40%に当たる。ㅋ）　χ2 値の理論分布への近似は十分ではない。参考までに分析を進める。
>
> \>

　検定結果は有意であったが，複数の警告メッセージが出ている（下線部**ケ**，下線部**コ**）。「参考までに分析を進める」以下を読むと，良さそうな知見が得られていた。しかし参考になってもレポートにはならない。カイ二乗検定の制約に引っかからないように適切にセルを併合し，再分析を試みなさい。

分析例

　カイ二乗検定の制約は前述しました(Chapter 3, p.42)。以下に再掲します。

　　＊総数 N が 50 以上あること
　　＊度数ゼロのセルがないこと
　　＊期待度数 5 未満のセルが全セル数の 20%以内であること

　本例は 2 番めの制約に抵触し，また 3 番めの制約にも引っかかっています（R 出力『各セルの期待度数』参照）。こんなとき頼りになる Fisher の正確検定もオーバーフローに陥りました（R 出力の **NULL** 表示は計算不能を表す）。

　そこで，セルの併合で乗り切ることにします。Table 5-3 において，タテの次元はそもそも比較したい学部なので併合できません。ヨコ次元（生活用品）のセルを併合します。電子レンジと炊飯器がどのセルも度数が 1 桁なので，この 2 セルを併合します。つまり Table 5-3 の 3×5 表を次のような 3×4 表に作り変えます。

	ＴＶ	冷蔵庫	ＰＣ	レンジ + 炊飯器
文学部　　(*n*=44)	18	15	5	6
経済学部 (*n*=36)	5	13	10	8
工学部　　(*n*=44)	6	15	19	4

これで改めてカイ二乗検定を行います。STAR 画面で 3 × 4 表を作り，大窓に『XR 例題データ』の再集計した度数を貼り付け【代入】してください。『結果の書き方』に警告メッセージが出なくなります。以下はレポート例です。

▢ レポート例 05-2

Table 5-3 は，不可欠の生活用品について学部別に選択者数を集計したものである。度数のないセルが見られたので，「電子レンジ」と「炊飯器」の列を併合し サ)，Fisher の正確検定を行った結果，有意であった (*p*=0.004)。χ^2 値から算出した効果量 (*w*=0.397, $1 - \beta$=0.934) は便宜的基準 (Cohen, 1992) によると中程度以上と判断される。検出力 $(1 - \beta)$ は十分である。

調整された残差について両側検定 (*a*=0.05) を行った シ) 結果，文学部においてＴＶの選択数が期待度数より有意に多く (*z*=3.418, *adjusted p*=0.007)，またPCの選択数が期待度数より有意に少なかった (*z*=-2.972, *adjusted p*=0.014)。これに対して，工学部においてはPCの選択数が期待度数より有意に多かった (*z*=2.918, *adjusted p*=0.014)。

Fisher の正確検定を用いた群の多重比較 (*a*=0.05, 両側検定) の結果，文学部と経済学部の間 (*adjusted p*=0.046) ス)，文学部と工学部の間 (*adjusted p*=0.005) にそれぞれ有意差が見いだされた。したがって，文学部と比較すると，経済学部も工学部と同様にＴＶの選択数が少なく，PCの選択数が多いことが示された。

以上の *p* 値の調整には Benjamini & Hochberg (1995) の方法を用いた。

結果の読み取り

セルを併合したことについて，下線部**サ**で加筆しています。作り変えた 3 × 4 表の掲載は省略しています。Fisher の正確検定が計算可能になったので，その *p* 値（*p* = 0.004）を採用しています。R 出力の『カイ二乗検定』の結果を見ても有意ですが（χ^2=19.5, *p* = 0.0034），*p* 値が近似的に若干小さく出ていることがわかります。

残差分析によって，文学部ではＴＶが多く選択され，工学部ではPCが多く選択されていることが明らかになりました（下線部**シ**）。

　多重比較でも，再び文学部・工学部間に有意差が示されています。さらに加えて，文学部・経済学部間にも“直接対決”で有意差が見いだされました（下線部**ス**）。Rグラフィックスの選択比率（下図）を見ると，PCの選択比率は文学部（群1）では小さめで経済学部（群2）ではやや大きめで，工学部（群3）ではハッキリ大きめであることがうかがえます。

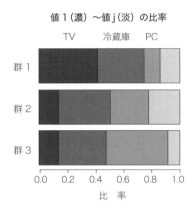

値1（濃）〜値j（淡）の比率

　文学部の学生はスマートフォンがあっても「ＴＶ」は必需品と考え，経済学部・工学部の学生はスマートフォンがあっても「PC」も必携と考えていることがわかります。学生時代，筆者の引っ越しはいつも炊飯器と一緒でした。　※架空のデータです。

統計モデリング：i × J × K 表，i × J × K × L 表の分析

　タテ×ヨコの 2 次元表に，もう 1 次元，奥行きを増やすと立体的な 3 次元表になります。さらにもう 1 次元，「昨年」の 3 次元表と「今年」の 3 次元表のような時間の次元を加えると，4 次元表になります。

　こうした多次元集計表の分析には，近年普及した統計モデリングという手法を用います。カイ二乗検定の適用は 2 次元までです。無理に 3 次元以上の分析に用いると，"シンプソンの逆説" と呼ばれるような問題を生じます（田中　敏・中野博幸（2013）『R & STAR データ分析入門』新曜社，第 6 章に詳しい）。統計モデリングによって多次元を 2 次元に落とした分析が妥当とわかれば，そこでカイ二乗検定を使うという手順が適切です。そうでない場合は，モデリングの結果に基づいて事後分析を進めます。

　モデリングとは「モデル構築」「モデル選択」を意味します。STAR 画面では，3 次元集計表の【i × J × K 表（3 元モデル選択）】と 4 次元集計表の【i × J × K × L 表（4 元モデル選択)】のメニューがあります。以下は 3 次元モデリングの例です。4 次元の分析もこれに準じます。

　i・J 次元は参加者（サンプル）の抽出層（年齢層，男女層など）を割り当て，K 次元は観測値（肯定 - 否定，満足 - 不満足など）を割り当てるようにします。4 次元集計表の場合も，i・J 次元のほうに参加者の抽出層，K・L 次元のほうに観測値を割り当てるようにします。

基本例題　　**顧客満足度は年齢・男女により異なるか**

　観光旅館の利用客 388 人を対象に満足度調査を行った。集計は 20・30 代，40・50 代，60 歳以上の 3 つの年齢層を男女に分けて，満足度 3 段階（満足，半々，不満）の人数をまとめた（Table 6-1）。この 3 次元集計表を統計モデリングで分析しなさい。

Table 6-1　年齢・男女別の満足度評定者数 （$N = 388$）

		満足	半々	不満
20・30代	男性	9人	43人	10人
	女性	13人	8人	25人
40・50代	男性	10人	44人	28人
	女性	25人	12人	23人
60歳以上	男性	15人	27人	20人
	女性	27人	9人	40人

注）「半々」は満足・不満が半々であるか，または「どちらとも言えない」を表す。

6.1　データ入力

　3次元は，年齢×男女×満足度です。年齢の次元は3水準，男女の次元は2水準，満足度の次元は3水準あります。3次元以上の度数集計表は，この**次元**（dimension）と**水準**（level）によって Table 6-1 における度数を特定します。

▶▶データ入力Ⅰ：キーボードから直接入力する

❶STAR 画面左の【i × J × K 表（3元モデル選択）】をクリック
　→設定画面が表示されます。
❷i，J，K の水準数をそれぞれ［3, 2, 3］と入力する

❸Table 6-1 の度数をデータ枠に入力する
❹【計算！】ボタンをクリック　→R プログラムが出力されます。
❺R プログラムを【コピー】　→R 画面で右クリック　→ペースト

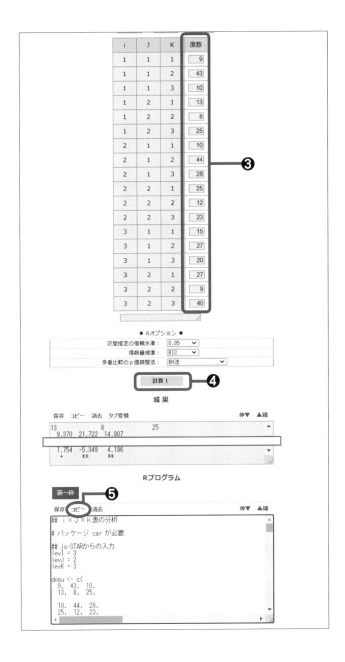

i	J	K	度数
1	1	1	9
1	1	2	43
1	1	3	10
1	2	1	13
1	2	2	8
1	2	3	25
2	1	1	10
2	1	2	44
2	1	3	28
2	2	1	25
2	2	2	12
2	2	3	23
3	1	1	15
3	1	2	27
3	1	3	20
3	2	1	27
3	2	2	9
3	2	3	40

❸

● Rオプション ●

区間推定の信頼水準：	0.95
情報量規準：	BIC
多重比較のp値調整法：	BH法

計算！ ❹

結 果

保存 コピー 清去 タブ変換　　　　　　伸▼ ▲縮

```
13          8           25
   9.370  21.722  14.907

   1.754  -5.349   4.196
   +        **       **
```

Rプログラム

第一枠 ❺

保存 コピー 清去　　　　　　伸▼ ▲縮

```
## i×J×K表の分析

# パッケージ car が必要

## js-STARからの入力
levI = 3
levJ = 2
levK = 3

dosu <- c(
   9,  43,  10,
  13,   8,  25,

  10,  44,  28,
  25,  12,  23,
```

❻出力された『結果の書き方』を新規文書ファイルにコピペする
　→以下，文章の修正を行い，レポートに仕上げます。

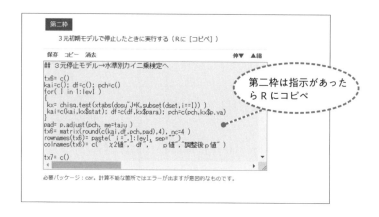

▶▶ データ入力Ⅱ：他ファイルから未集計のデータを貼り付ける

　他ファイルでは，年齢3水準を［1，2，3］，男女2水準を［1，2］，満足度3水準を［1，2，3］で入力しておきます。すると，次のようなデータリストになります（左端は通し番号）。

対象者	年齢	男女	満足度
001	1	1	2
002	1	1	1
⋮	⋮	⋮	⋮
132	2	1	1
133	2	1	2
388	3	2	1

　このように次元と水準でデータを特定する入力の仕方を**スタック(積み重ね)形式**と呼びます。すでに前章でも部分的に用いています。スタック形式のメリットは，年齢を若い順にまとめたり，男性・女性に分けて入力したりする必要がないことです。質問紙を回収した順番に入力して OK です。『XR 例題データ』にスタック形式のデータがあります。

❶ STAR 画面左の【i × J × K 表（3 元モデル選択）】をクリック
　→ i = 3, J = 2, K = 3 と入力し，データ枠を表示します。
❷ 集計表の直下にある小窓をクリック　→小窓が大窓になります。
❸ 大窓に『XR 例題データ』からデータを貼り付ける
❹【代入】をクリック　→データが集計されてデータ枠に入ります。
❺【計算！】ボタンをクリック　→以下，[▶▶ データ入力 I] と同じ手順
になります。
❻『結果の書き方』を文書ファイルにコピペする　→以下，修正を行います。

6.2 『結果の書き方』の修正

　以下は，出力された『結果の書き方』です。下線部を修正してください。図
表については，修正要領の後にまとめて列挙します。

```
> cat(txt) # 結果の書き方
```
　Table(JxK) は i の各水準における J × K ₇) の度数集計表である。
　Table(JxK) の度数を従属変数ィ)とし，ポアソン分布を用いた一般化線形
モデリングを行った。ステップワイズ増減法と情報量規準 BIC によるモデ
ル選択の結果（Table(tx1) 参照），度数＝ i + J + K + ixK + JxK が選出
された。【過分散判定⇒】ゥ) 残差逸脱度は自由度に比べるとやや過分散と
いえる（deviance=9.921, df=6）。許容範囲とみて分析を進める。【尤度比
検定⇒】ゥ) 尤度比検定によると（Table(tx4) 参照），一次の交互作用 ixK
が有意であり（χ2(4)=12.588, adjusted p=0.022），また JxK が有意であっ
た（χ2(2)=68.618, adjusted p=0）。

　偏回帰係数の Wald 検定の結果（Table(tx8) 参照），ixK の交互作用にお
いて（Fig.(ixK) 参照），J の水準に関わらずェ) i1:K2 ォ) に比して i3:K2
の比率が有意に小さいこと（b =−0.995, z=−2.913, adjusted p=0.009,
95%CI −1.677 − −0.334），したがって i1:K1 に比して i3:K1 の比率が相
対的に大きいことが見いだされた。
　JxK の交互作用においては（Fig.(JxK) 参照），i の水準に関わらず J1:

K2 に比して J2:K2 の比率が有意に小さいこと（ b =-2.017, z=-6.797, adjusted p=0, 95%CI -2.612 - -1.447），したがって J1:K1 に比して J2:K1 の比率が相対的に大きいことが見いだされた。

　以上の p 値の調整には BH 法を用いた。

［引用文献］
Benjamini, Y., & Hochberg (1995). Controlling the false discovery rate: A practical and powerful approach to multiple testing. Journal of the Royal Statistical Society Series B, 58, 289-300.

＞

〔下線部の修正〕

ア i1 〜 i3 をそれぞれ「20・30 代」「40・50 代」「60 代以上」, J1, J2 を「男」「女」, K1 〜 K3 をそれぞれ「満足」「半々」「不満」に置換します。

イ 従属変数は別の言い方として「応答変数」「目的変数」「基準変数」などが使われます。レポート提出先の慣用にあわせて書き換えてください。本書では**応答変数**を用いることにします。応答変数（度数）の多少を説明する年齢や男女は説明変数（または予測変数, 独立変数）と呼びます。

ウ（2 カ所）【過分散判定⇒】【尤度比検定⇒】は理解用です。レポートでは削除してください。

エ 「○○の水準に関わらず」は初出だけを残して，後の同語反復は省略してもよいでしょう。

　　別表現として「○○を区別せずに」「○○に共通に」などと言い換えても OK です。

オ i1：K2 は **1 つのセルを特定する**表現です。"年齢 i_ 水準 1 の満足度 K_ 水準 2" と読み取ってください。そして具体的に "年齢 20・30 代の満足度「半々」" と置換します。同様にセル i3：K2 は "年齢 i_ 水準 3 の満足度 K_ 水準 2" と読み，"年齢 60 歳以上の満足度「半々」" と置換します。

［図表一覧］　※見本があるものはカッコ内に記載します。

- **Table（JxK）**　必須。R 出力『度数集計表』から Table 6-1 を作成。
- **Table（tx1）**　省略可。R 出力『モデル選択ステップ…』から作成（Table 6-2）。
- **Table（tx4）**　省略可。R 出力『説明変数の尤度比検定』から作成（Table 6-3）。
- **Table（tx8）**　省略可。R 出力『偏回帰係数の Wald 検定』から作成（Table 6-4）。
- **Fig.（ixK）**　i × K が有意のとき掲載推奨。R グラフィックスから作図（p.82 参照）。
- **Fig.（JxK）**　J × K が有意のとき掲載推奨。R グラフィックスから作図（本例省略）。

　以下は修正後のレポート例です。図表はすべて掲載する書き方になっています。レポート中の Table と Figure は p.76 以降の『統計的概念・手法の解説』において順次掲載しています。

▢ レポート例 06-1

　Table 6-1 は各年齢段階の男女×満足度の度数集計表である。

　Table 6-1 の度数を応答変数とし，ポアソン分布を用いた一般化線形モデリングを行った。ステップワイズ増減法と情報量規準 ***BIC*** によるモデル選択の結果（Table 6-2 参照），<u>"度数＝年齢＋男女＋満足度＋年齢×満足度＋男女×満足度"が選出された。</u>$_{カ)}$<u>残差逸脱度は自由度に比べるとやや過分散といえる</u>（***deviance***=9.921, ***df***=6）。<u>許容範囲</u>$_{キ)}$とみて分析を進める。<u>尤度比検定</u>$_{ク)}$によると（Table 6-3 参照），年齢×満足度が有意であり（$\chi^2(4)$=12.588, ***adjusted p***=0.022），また男女×満足度が有意であった（$\chi^2(2)$=68.618, ***adjusted p***=0.000）。

　<u>偏回帰係数の Wald 検定</u>$_{ケ)}$の結果（Table 6-4 参照），年齢×満足度の交

互作用において（Fig.(ixK) 参照），男性・女性に共通に 20・30 代の「半々」に比して 60 歳以上の「半々」の比率が有意に小さいこと（b=-0.995, z=-2.913, *adjusted p*=0.009, 95%*CI* -1.677 - -0.334），したがって 20・30 代の「満足」に比して 60 歳以上の「満足」の比率が相対的に大きいことが見いだされた。

男女×満足度の交互作用においては（Fig.(JxK) 参照），各年齢段階に共通に男性の「半々」に比して女性の「半々」の比率が有意に小さいこと（b=-2.017, z=-6.797, *adjusted p*=0.000, 95%*CI* -2.612 - -1.447），したがって男性の「満足」に比して女性の「満足」の比率が相対的に大きいことが見いだされた。
以上の *p* 値の調整には BH 法を用いた。

結果の読み取り

統計モデリングの結果は，以下の手順で読み取ります。

①モデルは選出されたか
②モデルは十分な説明力があるか　→過分散判定
③モデル内の説明変数のどれが有意か　→尤度比検定
④有意な説明変数のどの水準が有意か　→ Wald（ワルド）検定

大変そうですが見た目だけです。読み取り自体はコンピュータが行いますので，ユーザーはその結果を上記の順番で確認していくようにしてください。
　手順①は，"度数＝年齢＋男女＋…"という何らかの説明式が記述されていれば，モデルが選出されたことになります（下線部**カ**）。選出されなければ，有力なモデルが見いだされなかったと記述されますので，それで終了です。
　次に手順②は，「過分散ではない」または「やや過分散であるが許容範囲」（下線部**キ**）と記述されていれば，モデルに十分な説明力があると判定されたことを意味します。これを**過分散判定**といいます。本例は「許容範囲」で，一定程度の説明力をもつと判定されました。
　手順③は，モデル内の説明変数のどれが偶然以上の説明力を示すかを検定

します。これは**尤度比検定**を用います（下線部**ク**）。モデル内の説明変数の
うち，「年齢」「男女」など単独の次元で表された説明変数を主効果と呼び，「年
齢×満足度」など複数次元の掛け合わせで表された説明変数を交互作用と呼
びます。本例は交互作用が有意でした。交互作用とは何かを下線部**ク**以下で
知ることができます。なお，有意な交互作用が含んでいる主効果は，単独の
説明力がないため（たとえ有意であっても）取り上げません。したがって本
例では記述中に主効果は登場しません。

　手順④は，**Wald（ワルド）検定**によって，下線部**ケ**以降，有意な主効果ま
たは交互作用に関係する度数同士の差を検定します。ここで最終的に，どの
度数が多く，どの度数が少ないかが明らかになります。

　最終結果を知りたいなら，最後の2〜3段落あたりから始まる「偏回帰係
数のWald検定の結果」を見つけるほうが早いでしょう。

　まとめると，本例では，以下の有意差が見いだされました。

　＊20・30代の満足度「半々」が60歳以上の「半々」より多い
　＊相対的に20・30代の「満足」より60歳以上の「満足」のほうが多い
　＊男性の「半々」が女性の「半々」より多い
　＊相対的に男性の「満足」より女性の「満足」のほうが多い

　以上より，当観光旅館には，60歳以上で，また（年齢は問わず）女性に
好まれるような良さがあることが示唆されます。

　しかしながら，「満足」「半々」と対照的に，「不満」については何も知見が
出なかったことにも注意が必要です。原因として「不満」の度数が動かなかっ
たということです。つまり，年齢・男女の差がなく全般的に同程度の「不満」
が感じられていることが考えられます。Table 6-1の「不満」の度数をなが
めると，明らかに少なくありません。レポートとしてはその考察も欠かさな
いようにするとよいでしょう。差があったことだけでなく，差がなかったこ
とにも目を向けるようにすると，思いがけない発見があるかもしれません。

6.3 統計的概念・手法の解説

●統計モデリング

統計的検定は既存のモデル（二項分布やχ^2分布）を固定し，そこにデータを当てはめて判定する（帰無仮説下で出現するか否か）。これに対して，**統計モデリング**（statistical modeling）はデータのほうを固定し，そこにモデルを当てはめてみて，当てはまりが良くなければモデルを変化させ，改めて当てはまりを判定する。モデリングとは，そのように"モデルを作っては当てはめてみる"を繰り返す作業のことである。

統計モデリングのポピュラーな手法として**一般化線形モデリング**（generalized linear modeling, GLM）がある（非線形モデリングもある）。「一般化」というのは，本例のような度数データにも（本書 PART 2 以降の）数量データにも汎用的に使えることを意味している。モデル構築を行う理論的分布を適切に指定すれば，そのような汎用性が得られる。度数データには通常，ポアソン分布を用いる。『結果の書き方』は，そうした方法の設定から始まる。

原理的に，度数集計表が 2 次元以下でもモデリングは可能である。しかし次元が少ないとあまり意味がない。カイ二乗検定で十分である。STAR のメニューは 3 次元・4 次元のモデリングを提供するが，他に【2 × 2 × K 表（層化解析）】もある。これは 3 次元モデルの i = 2, J = 2, K = # と同じである。ただし『結果の書き方』は出力しない。2 × 2 × K 表と同じ度数枠を視覚的に表示してくれてわかりやすいので残してある。

●モデル選出と情報量規準

モデリングの計算は，初期モデルとして**フルモデル**（full model, 全項モデル）からスタートする。フルモデルは，度数集計表の全次元が関連すると仮定したモデルである。3 次元を i, J, K で表すと，フルモデルは"度数 = i + J + K + i × J + i × K + J × K + i × J × K"となる。右辺にこれ以上の説明項は立たない。

このフルモデルの右辺の説明変数（3 次元は 7 項ある，以下「説明項」）を，1 ステップに 1 項ずつ増やしたり減らしたりして種々のモデルを作り，データへの当てはまりを評価する。これを**ステップワイズ増減法**という。この"項の

増減"による当てはまりの判定には情報量規準を用いる。

　情報量規準（information criterion）は，モデルの評価を"データへの当てはまりの良さ"と"説明項の少なさ"という2つの観点から行う。説明項は数が少ないほど良い。実は説明項を増やせば，計算上データへの当てはまりは必ずアップする。非力な説明項でもいくらかアップする。そこで何らかの減点（ペナルティと呼ぶ）をモデルの評価に与える。ペナルティの与え方で情報量規準には，**AIC**（Akaike's information criterion），**BIC**（Bayesian information criterion），**SABIC**（sample-size adjusted **BIC**）など数種類がある。経験的に，**AIC**は説明力の大きさ重視，**BIC**系は説明項の少なさ重視である。

　いずれも情報量規準の値の小さいほうが"良いモデル"である。すなわち当てはまりが良く，少数の有力な説明項でモデルが構成されている（スマートなモデルと表現される）。Table 6-2は，情報量規準の一つである**BIC**を用いた**モデル選択**（model selection）を示している。「項の増減」はそのステップにおける説明項の増減を表す。Step 1は初期モデル（フルモデル）とデータとのズレをゼロと仮定する。Step 2からモデルの試作と評価が始まる。

Table 6-2　モデル選択ステップの要約

Step	項の増減	df	残差増分	df	残差逸脱度	BIC
1				0	0.0000	137.86
2	−i × J × K	4	8.1907	4	8.1907	134.49
3	−i × J	2	1.7306	6	9.9213	130.44

注）R表記 " □：□ " を " □×□ " の慣用表記に置換。

　マイナスが付いた説明項"−i × J × K"が表示されたら，それは"項の削減"を意味する。削減後に当てはまりが多少悪くなる。それが残差増分（ズレが増えた分）＝8.1907である。このためモデル全体の説明力は多少とも落ちるが，それでも**BIC**が小さくなるなら，そのほうが良いモデルであると判定される。そこで次のステップへ進み，他の説明項を検討する。

　BICがもはやこれ以上小さくならないとき，モデル選択は停止する。Table 6-2を見ると，i × J × Kとi × Jを削減したStep 3までは**BIC**は小さくなった。しかしそれ以上は小さくならない。そこで停止した。この時点で出来上がっているモデルが最良となり，選出モデルとされる。

初期モデル（＝フルモデル）が最良という場合がある。その場合，モデル選択は Step 1 で停止する。それはフルモデルが選出されたことを意味する。そのときは，STAR 画面に『3 元初期モデルで停止したとき…』のプログラムが出力されているので（**第二枠**），それを R 画面にコピペすれば相応の分析を継続する（『応用問題』で演習する）。

●過分散判定

情報量規準によるモデル評価は，実は相対的比較にすぎない。考えられるモデルの中で"最良"というだけである。もともと非力なモデル同士しかないときも"最良"のモデルが選出されることがある。3 次元集計表のどの次元間にも関連がない（独立である）という完全独立モデルとの優劣比較なので，運よく選出される場合もある。そうした場合，モデルの説明後に残った非説明部分（残差逸脱度）がかなり膨らむ。これを**過分散**（バラつきすぎ，overdispersion）という。過分散と判定されたモデルは，説明力不足とされる（あるいは信頼性がない，役に立たない等々）。

ただし過分散の判定に理論的・数理的基準はない。便宜的に，モデルの残差逸脱度が残差自由度（*df*）の 2 倍以上あると，STAR の R プログラムは過分散と判定し，2 倍以下なら「許容範囲」としている。今後，過分散の判定に妥当な基準が提出されたら判定はユーザーのほうでやり直していただきたい。

本例では，下線部**キ**で選出モデルの**残差逸脱度**（*deviance*）＝ 9.921 に対して残差自由度（*df*）＝ 6 であり，やや過分散であるが「許容される」（説明し残した部分はそれほど大きくない）とみなして分析を進めている。

過分散への対策は，STAR の R プログラムが用いるポアソン分布以外の分布を用いる方法や補正法が提案されているが専門的な試行錯誤が必要である。自動化は手に余る。実用上は下の 2 通りが適当である。

①情報量規準を変えてみる

情報量規準を変えると，異なるモデルが選出されることがある。それで過分散の判定が違ってくる可能性がある。標準設定は **BIC** なので，**AIC** または **SABIC** のモデル選択を参考にするとよい。R 画面の下方に出力されるオプションに以下がある。それぞれ実行すると，異なるモデルが選出されるかどうかを

確かめることができる（オプションの実行の仕方は p.9 参照）。

```
# ■オプション：[↑] ⇒行頭の＃を消す⇒ [Enter]
…… ……
> # Aic;Amd  # AIC によるモデル選択
> # Bic;Bmd  # BIC によるモデル選択
> # Sab;Smd  # SABIC によるモデル選択
>
```

②尤度比検定の結果を根拠とする

　尤度比検定は，モデル内の個々の説明変数を検定する。結果として，有意と判定された説明変数があれば，モデル全体は過分散（説明力不足）であったとしても，その有意な説明変数に興味関心を置いて分析を進めることが可能である。そのときは次のように文章を差し替えて，以降の文章をそのまま採用する。

　[現] 過分散と言える。参考までに分析を進める。尤度比検定によると…
　　　　↓
　[改] 過分散と言える。ただし尤度比検定によると…

●尤度比検定，Wald 検定

　選出されたモデル内の特定の説明変数に関心がある場合，モデル選出後は尤度比検定，そして Wald 検定という手法のリレーになる。

　まず，尤度比検定は，モデル内の個々の説明変数について調整後 p 値（*adjust_p*）により有意性を検定する（Table 6-3）。結果の見方は**交互作用優先**である。交互作用 i × K が有意なら，そこに含まれる単独の i，単独の K（主効果）はもはや見ない（p 値が有意でも見ない）。本例は交互作用 J × K も有意なので，主効果 J も見ないことになる。以後の分析は交互作用 i × K，J × K の 2 つを採用する。

Table 6-3　説明変数の尤度比検定

	χ^2 値	df	p 値	adjust_p
i	5.500	2	0.063	0.079
J	1.486	1	0.222	0.222
K	11.203	2	0.003	0.009
i × K	12.588	4	0.013	0.022
J × K	68.618	2	0.000	0.000

　次に，Wald 検定を行う。有意だった交互作用 i × K，J × K に関係するセルの，どの水準に差があるのかを検定する（Table 6-4）。注意すべきは，このとき検定する"差"は差ではなく，偏回帰係数になるという点である。**偏回帰係数**（partial regression coefficient）とは，（簡単なイメージとしては）一方の度数から他方の度数へ直線を引いたときの"傾き"のことである。直線が水平なら度数間に差はない（傾き = 0）。直線の傾きがプラスなら直線は右上がりで右の度数が多い。傾きがマイナスなら直線は右下がりで右の度数が小さい。Table 6-4 の"***b***"がその傾き（= 偏回帰係数）である。Wald 検定は，この偏回帰係数が有意か否か（偶然以上に傾いているか否か）を検定する。

　Table 6-4 の見出し i2：K2 は，特定の 1 セルを指す表現であり，"次元 i_

Table 6-4　偏回帰係数の Wald 検定

	b	z 値	p 値	adj_p	2.5%	97.5%
(Interc.)	2.022	7.946	0.000	0.000	1.494	2.494
i2	0.464	1.707	0.087	0.138	−0.061	1.011
i3	0.647	2.457	0.014	0.030	0.142	1.179
J2	0.648	3.062	0.002	0.008	0.241	1.073
K2	1.683	5.734	0.000	0.000	1.124	2.278
K3	0.610	1.894	0.058	0.106	−0.013	1.255
i2:K2	−0.371	−1.110	0.266	0.366	−1.034	0.279
i3:K2	−0.995	−2.913	0.003	0.009	−1.677	−0.334
i2:K3	−0.088	−0.251	0.801	0.801	−0.780	0.595
i3:K3	−0.108	−0.318	0.750	0.801	−0.778	0.552
J2:K2	−2.017	−6.797	0.000	0.000	−2.612	−1.447
J2:K3	−0.231	−0.853	0.393	0.481	−0.767	0.297

注）b は非標準化係数。右端 2 列は b の 95％信頼区間。

水準2の次元K_水準2"を表している。すなわち年齢40・50代の,満足度「半々」のセルである。このセルに向けて引いた直線の傾き（*b* =-0.371）は有意でない（*adjusted p*=0.366）。この直線がどこから引かれたかというと,i1：K2 からである。

1行下のセル i3：K2 は有意である（*b* =-0.995, *adjusted p*=0.009）。 i3：K2 は年齢60歳以上の,満足度「半々」を表す。このセルへ向けて引いた直線の傾きは有意にマイナスに傾いた（*b* =-0.995）。どこから直線が引かれたかというと,やはり i1：K2 からである。つまり,年齢20・30代から60歳以上へ引いた満足度「半々」の直線が右下がりに有意に傾いた。満足度「半々」の度数が少なくなったということである。年配の人たちのほうが中間的回答が少なく,はっきり満足・不満を回答するらしい。

Wald 検定は,このように差の検定を"度数の傾き"の検定として行う。さらに最も注意すべきは,**この傾きは常に第1水準（すなわち i1, J1, K1）を始点とした傾きになる**という点である。それゆえ交互作用 i×K は,常にセル i1：K# を始点として,そこから i2：K# または i3：K# への傾きが検定される。また同様に,交互作用 J×K の検定は,常にセル J1：K# を始点として,そこから J2：K# または J3：K# への傾きが検定される。

主効果も同じで,たとえば主効果 K の Wald 検定は,常に K1 を始点として,そこからから K# へ向けて引いた直線の傾きを検定する。たとえば Table 6-4 で主効果 K の検定結果を見ると,K2 の偏回帰係数 *b* はプラスに有意である（*b* = 1.683, *p* = 0.000）。つまり K1（満足）を始点として,そこから K2（半々）へ向けて引いた直線の傾きが有意に上昇したことを意味する。すなわち「満足」よりも「半々」の回答がずっと多いということである（ただし交互作用 i×K が有意であり,要因 K 単独の効果は一般化できないことを示しているので,この主効果は採れないが）。

●有意差の相対的推測について 最大限注意

Wald 検定の記述中に「相対的に大きい（小さい）」という記述が出てきたとき,その「大きい」「小さい」の判定は統計的有意性に基づいた判定ではない。ユーザーは該当する Figure □×□ を慎重に検討し,本当に差があるかどうかを必ず確認する必要がある。

たとえば本例では，20・30代の「半々」（i1：k2）から60歳以上の「半々」（i3：K2）へは有意に減少する（**b** = -0.995）。「半々」が有意に減少するなら，「満足」と「不満」のいずれかは逆に有意に増加するはずである。論理的にはそうなる。そこを調べると「不満」（i3：K3）は有意でなく（**p** = 0.802），傾きは水平である。となると，「満足」が増加した…ことになる。こうした論理的推論が可能である。それで「相対的に大きい（小さい）」というような文章表現になっている。

　しかしながら，統計的に有意でないということは，傾き＝0（増減がない）ということではない。実は，上述の相対的推論には飛躍がある。そこでユーザーは，その相対的推論が妥当かどうか，出力された交互作用 i × K のグラフ（下図）を見て，満足の人数比率（黒帯）が本当に増加していることを必ず確かめていただきたい。

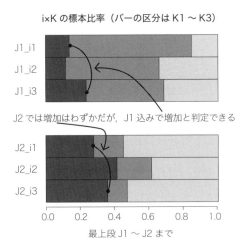

i×K の標本比率（バーの区分は K1 ～ K3）

J2 では増加はわずかだが，J1 込みで増加と判定できる

最上段 J1 ～ J2 まで

●統計モデリングと有意差検定

　統計モデリングは複雑であるが，それでわかることは結局，今までの"有意差"と同じである。そう見るなら，カイ二乗検定と実質は変わらない。しかしながら，統計モデリングはモデルの探索が目的なので，本来，有力なモデルが見つかった時点で終了してもよいはずである。すなわち本例では，モデルの選出後，過分散とはいえないと判定した時点で，有望なモデルが発見された……と終わってよいわけである。あとは，R グラフィックスの図を見て"傾向"を

推測するという書き方になる。

　もし，そうするなら，レポート例の下線部**キ**以降は下のように差し替えることも"あり"である。

　　［現］許容範囲とみて分析を進める。尤度比検定によると…
　　　　　↓
　　［改］許容範囲とみて，以下，交互作用の図から傾向を推測する。Fig.(i × K)
　　　　　によると，年齢段階が高くなるにつれて「半々」の評価が減り，「満足」
　　　　　の評価が増える傾向のあることが示唆される。また，Fig.(J × K) に
　　　　　よると，男性より女性のほうが「半々」の評価が少なく，相対的に「満
　　　　　足」の評価が多い傾向が見られる。

　しかしながら，これとは別方針で本例の『結果の書き方』はモデルの選出にとどまらず，そこから尤度比検定やWald検定を複雑に駆使して，あくまで1セルずつ差の出方を確定することを目指した。それは統計モデリングの手法の開発精神からすると，きっと不本意なやり方になるだろう。実際，モデリングの結果からは，実はカイ二乗検定の残差分析ほどの詳細な情報は取り出せない（細部の有意差は相対的推測になる）。

　従来，いわば最後のワンセル（1細胞）まで"腑分け"しようとしてきたのであるが，こうした分析方針はそろそろ見直す時期かもしれない。データを生み出すモデルの発想と試作を主目的・中心成果とするような，新しい研究パラダイムを統計モデリングは提案していると考えるべきである。モデリング後の尤度比検定・Wald検定でたとえ有意性が見られなくても，情報量規準によって選出されたモデルの有望性または予測力（significance に代えて expectancy というべきか）を一つの知見とすべきである。もはや叶わぬが筆者の修業時代にそうなっていてほしかった…。

初期モデルで停止したとき

下の 3×2×3 表（Table 6-5）の度数について，統計モデリング（3 元モデル選択）を行ったところ，いきなり初期モデルで停止した（下段の出力参照）。これはどう考えればよいか。また，どう対応したらよいか。

Table 6-5　i 別の J × K 集計表

	K1	K2	K3
i1_J1	40	17	27
i1_J2	8	29	44
i2_J1	13	29	27
i2_J2	13	25	30
i3_J1	24	26	41
i3_J2	27	17	42

```
> cat(txt) # 結果の書き方
  Table(JxK) は i の各水準における J × K の度数集計表である。
  Table(JxK) の度数を応答変数とし，ポアソン分布を用いた一般化
線形モデリングを行った。ステップワイズ増減法と情報量規準 BIC
によるモデル選択の結果（Table(tx1) 参照），選択ステップは i ×
J × K の初期モデルで停止した。
>
```

分析例

　このように初期モデルで停止した場合，初期モデルとして設定したフルモデルが選出されたと考えます。具体的には，3 元初期モデルが含む最高次の**二次の交互作用** i × J × K が削減できなかったのです。そのため，モデル選択ステップが二次より下の一次の交互作用，ゼロ次の作用（＝主効果）へ進まなかったということです（次数は×の数）。

　対策としては，この二次の交互作用 i × J × K を 3 次元から 2 次元に "バ

ラす”という分析を行います。すなわち二次の交互作用を，iの水準別にJ×Kにバラして分析し，またはJの水準別にi×Kにバラして分析します（手法はカイ二乗検定を用いる）。『結果の書き方』の最後に，次のような“⇒”付きのメッセージが出ます。

⇒ STAR画面の第二枠『3元初期モデルで停止したとき…』のプログラムをRにコピペしてください。
　（iの水準別にJ×K，またはJの水準別にi×Kのカイ二乗検定を実行します。）

これに従って，STAR画面の第二枠『3元初期モデルで停止したとき…』のRプログラムをR画面にコピペすると，iとJの水準別のカイ二乗検定を実行します（Kの水準別の分析はサポートしていません）。

以下，長くなりますがその出力例です。

>
　初期モデルi×J×Kについて，iの水準別にJ×Kのカイ二乗検定を行った。その結果，iの第1水準では，J×Kは有意であった。（$\chi 2(2)$=28.489, adjusted p=0, w=0.416）。残差分析の結果（α=0.05，両側検定），セルJ1:K1の度数が期待度数より有意に多く（z=5.336, adjusted p=0），セルJ1:K2の度数が期待度数より有意に少なく（z=−2.229, adjusted p=0.025），セルJ1:K3の度数が期待度数より有意に少なく（z=−2.876, adjusted p=0.006），セルJ2:K1の度数が期待度数より有意に少なく（z=−5.336, adjusted p=0），セルJ2:K2の度数が期待度数より有意に多く（z=2.229, adjusted p=0.025），セルJ2:K3の度数が期待度数より有意に多かった（z=2.876, adjusted p=0.006）。
　iの第2水準では，J×Kは有意でなかった（$\chi 2(2)$=0.447, adjusted p=0.799, w=0.057）。
　iの第3水準でも，J×Kは有意でなかった（$\chi 2(2)$=1.933, adjusted

p=0.57, w=0.104)。

　一方,Jの水準別にi×Kのカイ二乗検定を行った結果,Jの第1水準では,
i×Kは有意であった（$\chi 2(4)=19.188$, adjusted p=0.001, w=0.28）。残
差分析の結果（$\alpha =0.05$, 両側検定）,<u>セル i1:K1 の度数が期待度数より
有意に多く（z=3.912 $_{\text{サ})}$</u>, adjusted p=0）,セル i1:K2 の度数が期待度数よ
り有意に少なく（z=-2.3, adjusted p=0.048）,セル i2:K1 の度数が期待
度数より有意に少なく（z=-2.684, adjusted p=0.021）,セル i2:K2 の度
数が期待度数より有意に多かった（z=2.693, adjusted p=0.021）。

　Jの第2水準でも,i×Kは有意であった（$\chi 2(4)=15.233$, adjusted
p=0.004, w=0.255）。残差分析の結果（$\alpha =0.05$, 両側検定）,<u>セル i1:K1
の度数が期待度数より有意に少なく（z=-2.909 $_{\text{シ})}$</u>, adjusted p=0.016）,
セル i3:K1 の度数が期待度数より有意に多く（z=3.169, adjusted
p=0.013）,セル i3:K2 の度数が期待度数より有意に少なかった（z=-2.649,
adjusted p=0.024）。

　以上のp値の調整にはBH法を用いた。

[引用文献]

Benjamini, Y., & Hochberg (1995). Controlling the false discovery
rate: A practical and powerful approach to multiple testing.
Journal of the Royal Statistical Society Series B, 58, 289-300.
〉

結果の読み取り：二次の交互作用の 分析

　iの水準別の分析では,iの第1水準のみが有意でした（下線部コ）。出力
されたRグラフィックス『J×Kの標本比率』（次頁図）を見ると,iの第
1水準ではグラフの白・黒の帯の幅に差があります。しかし,iの第2・第3
水準ではグラフの白黒の幅に大差がないことがわかります。つまり,iの水
準次第でJ×Kの関連性が異なるので,iの違いを無視できず,i×J×K
を削減できなかったのです。もしiのどの水準でもJ×Kのグラフが同じよ
うな白・黒の幅を示していたら,iの違いを無視できるので,iを除外したは

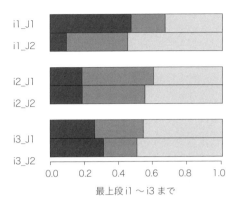

J×K の標本比率（バーの区分は K1 ～ K3）

最上段 i1 ～ i3 まで

ずです（i × J × K を削減していた）。

　同様に，J の水準別に i × K を分析すると，J の第 1 水準・第 2 水準とも
カイ二乗検定の結果は有意でしたが，J の水準が異なると i × K の関連性は
かなり異なっていることが明らかになりました。一例として，第 1 水準では
セル i1：K1 の残差はプラスですが（下線部**サ**），第 2 水準では i1：K1 の残
差はマイナスになっています（下線部**シ**）。これもまた，J の水準が無視で
きないので，二次の交互作用 J × i × K を削減できなかった原因です。

　二次の交互作用 i × J × K の "バラし方" として，i の水準別にするか，J
の水準別にするか，あるいは両方を記述するかは研究目的に合わせて決めて
ください。

PART 2
平均の分析法

7 t 検定

データの値が「ハイ」「イイエ」のような名称のときは，（その名称の数をカウントして）度数としました。これに対して，データの値がテスト得点や時間のような連続量のときは平均を計算します。そして，たとえば実験群と統制群の平均の差が偶然以上のものかどうかを検定します。

本章以降は，そうした平均の差を扱います。最少2個の平均から検定してみましょう。STAR 画面では【t検定（参加者間）】と【t検定（参加者内）】の2つのメニューがあります。基本例題は前者の参加者間 t 検定を使います。応用問題で参加者内 t 検定を使います。

基本例題 **新製品の評価に差は見られるか**

グルメ漫画で以前紹介されていた"人に言えない，恥ずかしいご飯"を，お茶漬けにしたらどうだろうかと考え，新商品として"バター醤油"と"ソーライス"のお茶漬けの素を作ってみた。商品開発メンバー14名を2群に分けて試食し，「非常にうまい」「けっこううまい」「一応イケる」「ダメかな」「絶対ダメ」の5段階で評定して，肯定側から [5, 4, 3, 2, 1] と得点化した。その結果，Table 7-1 のようなデータになった。参加者間 t 検定によって分析しなさい。

なお，バター醤油ライスは熱いご飯に角切りバターを乗せて醤油をたらして食べるもので北海道発祥，ソーライスは熱いご飯にドボドボとウスターソースをかけ，混ぜて食べるもので大阪発祥（と言われる）。いずれもクセになるうまさであり（私見），ご飯が熱くなくても熱いお茶をかけて食べたら，けっこうイケるのでは…という発想なのだが。

Table 7-1 新・お茶漬けの素の評定データ

群	参加者	データ
1	1	3
1	2	3
1	3	4
1	4	4
1	5	4
1	6	5
1	7	5
2	8	3
2	9	3
2	10	2
2	11	1
2	12	1
2	13	1
2	14	4

注）群1＝バター醤油茶漬け，群2＝ソーライス茶漬け。

7.1 データ入力

　データは5段階の評定得点です。開発側の評価なので中間段階を入れていません。また，食べ物は一般に肯定側に回答が偏るので，肯定側を3段階，否定側を2段階の非対称尺度としています。得点化は肯定側から5〜1点を与えます。つまりデータは新製品に対する"肯定度"を表します。

▶▶ データ入力Ⅰ：キーボードから直接入力する

❶ STAR 画面左の【t検定（参加者間）】をクリック
　→設定画面が表示されます。
❷【群1　参加者数】= 7，【群2　参加者数】= 7を入力する
❸ 各枠にデータを入力する　→ Table 7-1と同じになるようにします。

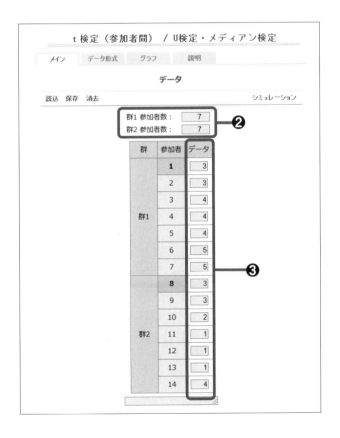

❹【計算！】ボタンをクリック　→Rプログラムが出力されます。

❺Rプログラムを【コピー】　→R画面で右クリック　→ペースト

❻『結果の書き方』を文書ファイルにコピペする　→以下，修正を行い，レポートに仕上げます。

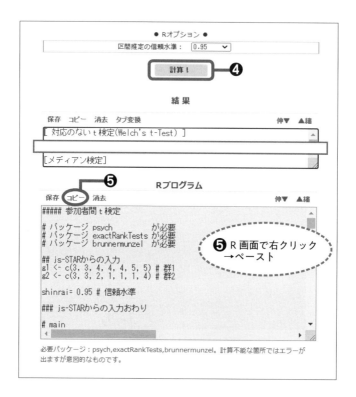

▶▶データ入力Ⅱ：他ファイルからデータを貼り付ける

❶❷は［▶データ入力Ⅰ］と同じです。

❸データ枠の直下の小窓をクリック　→小窓が大窓になります。

❹大窓に『XR例題データ』からデータを貼り付ける

　→Table 7-1のデータ（1列だけ）を貼り付けます。

❺右下の【代入】をクリック　→データ枠にデータが入ります。

❻【計算！】ボタンをクリック

　→以下，Rプログラムを【コピー】して，R画面に貼り付け実行します。

7.2 『結果の書き方』の修正

以下は出力された『結果の書き方』です。下線部分を修正します。

> cat(txt) # 結果の書き方

　各群の〇〇得点ア) について基本統計量をTable(tx0) or Fig. ■に示す。イ)
　Welch の方法による t 検定を行った結果，両群の平均の差は有意であり
(t=3.357, df=10.501, p=0.006, d=1.794, 1−β =0.859, 両側検定)，群
1 の平均が群 2ウ) の平均よりも有意に大きかった。効果量 d は便宜的基準
(Cohen, 1992) によると大きいと判断される。検出力 (1−β) は十分であ
る。

　平均の差の 95%信頼区間は 0.632 − 3.082 であり，実質的に最小差は 1
ポイント近い差を生じるとはいえない。

　両群の分散比の検定結果は有意でないことを確認した （F(6,6)=0.452,
p=0.356, 両側検定）。エ)

[引用文献]

Cohen, J. (1992). A power primer. Psychological Bulletin, 112,
155-159.

⇒データ分布が正規形を仮定できない場合，下の記述を参照してください。オ)

　Brunner-Munzel 検定を行った結果，両群の順位の差は有意であった（検
定統計量 =4.642, df=10.464, p=0, 両側検定）。
　Wilcoxon の順位和検定 （Mann-Whitney のU検定） を行った結果，両群
の順位和の差は有意であった （W=43.5, p=0.016, 両側検定）。
　Fisher の正確検定を用いたメディアン検定を行った結果，両群の分割
表 （オプション(median2x2)参照） における度数の差は有意でなかった
(p=0.102, 両側検定)。
　探索的集計検定 （※） の結果，下記の Table(hyo) において Fisher の正
確検定により有意差が見いだされた （p=0.069, 両側検定）。
※ js-STAR_XR のメニュー ［ t 検定 （参加者間）／ノンパラ］ に実装。

ア 「○○得点」を「評定得点」に置換します。

イ 基本統計量の Table または Figure は必須です。Table は R 出力『基本統計量』から作成します（Table の見本は Table 7-2 参照）。Figure を掲載する場合は，R グラフィックスをいったん保存し（【ファイル】　→【別名で保存】　→…），画像処理ソフトで整形します。

　　R グラフィックスの図は 2 枚出力されます（下図参照）。どちらも平均を表すバーの高さは同一です。バーの天井に描かれた"タテ線"が異なります。左の『平均と**標準偏差（不偏分散の平方根）**』では，タテ線はデータの標準的なバラつき幅（＝標準偏差）を表します。右の『平均と **SE（標準誤差）**』では，タテ線は平均の標準的なバラつき幅（平均の値の約 70％信頼区間）を表します。どちらを載せるかは任意です。Figure の図面が窮屈になる場合はタテ線そのものをカットすることも可です（**SD** または **SE** の値は Table に掲載する）。

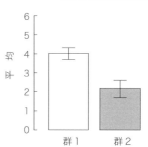

平均と標準偏差（不偏分散の平方根）　　　平均と SE（標準誤差）

ウ 群 1 を「バター醤油茶漬け」，群 2 を「ソーライス茶漬け」に置換します。

エ 通常省略。両群の分散（＝ SD^2）が同等であるかどうかを検定します。以前はこの確認が必須でしたが，現在はほとんど不要です。削除してください。ただし要求される場合がまだあります。また，まれに 2 群の平均の差が有意でなかったが，分散の差が有意になるという望外の知見が得られる場合がありますので，そのために出力しています。

オ 通常省略。ここから以下は *t* 検定のレポートには使いません。以前は *t* 検定の前提が守られていないときの代用法でしたが，js-STAR の R プ

ログラムは常に"前提不成立"を前提とした **Welch（ウェルチ）の** t 検定を用いていますので，代用法の出番はありません。

　ここから以下は，平均が出せない順位データなど，最初からノンパラメトリックな（non-parametric，母集団係数^{バラメータ}のない）データを検定するために出力されています（『統計的概念・手法の解説』を参照）。通常は見なくて OK です。

　以下のレポート例は"通常省略"できる部分をすべて省略し，t 検定だけの結果を記述した例です。

📄 レポート例 07-1

　各群の評定得点について基本統計量を Table 7-2 に示す。

Table 7-2　新・お茶漬けの素 2 製品の評定結果

	BT	SO
n	7	7
Mean	4.000	2.143
SD	0.817	1.215

注）BT はバター醤油茶漬け，SO はソーライス茶漬け。

　Welch の方法による t 検定を行った結果，<u>両群の平均の差は有意であり（t=3.357, df=10.501, p=0.006, d=1.794, $1-\beta$=0.859, 両側検定）</u>，バター醤油茶漬けの平均がソーライス茶漬けの平均よりも有意に大きかった。_{カ)} 効果量 d は便宜的基準（Cohen, 1992）によると大きいと判断される。<u>検出力（$1-\beta$）は十分である</u>。_{キ)}

　<u>平均の差の 95%信頼区間は 0.632</u> _{ク)} － 3.082 であり，実質的に最小差は 1 ポイント近い差を生じるとはいえない。

結果の読み取り

　バター醤油茶づけ群の評定平均 4.00 が，ソーライス茶漬け群の評定平均

2.14 を有意に上回ったことがわかりました（下線部**カ**）。この差は偶然に出現したものではない（偶然出現確率は $p = 0.006$ しかない）ことが示されています。すなわち有意差です。

　差の有意性とは別に，差の大きさは，t 検定では d という効果量で表します。**効果量 d の便宜的評価基準**は，大 = 0.80, 中 = 0.50, 小 = 0.20 とされます。本例 $d = 1.794$ は相当大きい値です。検出力 $(1 - \beta) = 0.859$ は，望ましい 0.80 を超えています。すなわち検出力が高く（対立仮説を見逃すエラーが小さいので），今回の有意性は信頼できるものといえます。これらの統計量の評価はレポート提出先が専門学会である場合は，下線部**キ**の全文省略も可能です。専門研究者にとっては，d の値，$1 - \beta$ の値が示されただけで評価は終わっています（あえて価値づけの記述があるほうがむしろ違和感を受けると思います）。

　下線部**ク**の 95% 信頼区間推定は，下限 = 0.632 に注目します。すなわち，100 回中 95 回の推定で最も小さい差が "現実に見える差" かどうかです。が，0.632 は見えない差です。5 段階尺度は 1 ポイント刻みですので，1 ポイント未満の差を参加者が回答することは不可能です。仮に評定尺度が 0.5 ポイント刻みでしたら，0.632 は実在する，見える差になります。そのときは，文章を次のように書き換えてください。

［現］実質的に最小差は 1 ポイント近い差を生じるとはいえない。
　　↓
［改］実質的に最小差は 0.5 ポイント以上の差を生じるといえる。

　解釈としては，実質的な見える差とはいえませんでしたが，効果量が大きく，バター醤油茶漬けのほうがソーライス茶漬けより有望と考えられます。この差は醤油とソースに対する緑茶の相性によるものかもしれません（※架空のデータです）。ソーライスはウスターより醤油に近いソースを用いたほうがよいという情報もあります。ソーライス茶漬けは，用いるソースに工夫が必要なようです。昔お金がないときはいつもお茶漬けでした。チューブ入りのワサビをのせたお茶漬けを恥ずかしくもなく，よく人に「うまいよ〜」と薦めていました，筆者の場合。

7.3 統計的概念・手法の解説

●尺度の種類とノンパラメトリック検定

データを得る尺度（ものさし，スケール）には，比率尺度，間隔尺度，順位尺度，名義尺度の4種類がある。**比率尺度**は時間や距離などである。比率尺度は数値が等間隔で並び，かつ0（ゼロ）が意味をもつ。**間隔尺度**は気温やテスト得点，評定値などであり，数値は等間隔であるが，ゼロが本来の意味（＝無）をもたない。たとえば気温0℃は温度が「無い」という意味ではなく，ある一定程度の気温を表す。しかし計算上0℃を2倍しても2倍の気温にはならず比率計算が成立しない。満点100のテスト得点も，0点は能力が「無い」という意味ではなく単なる下限点である。評定値も1〜5の得点化を0〜4に変換しても問題はなく，ゼロの概念をもたない。統計分析上は比率・間隔尺度は区別しなくても支障なく，いわゆる平均が出せる尺度として処理できる。本章のt検定から以降の章では，こうした比率・間隔尺度のデータを扱う。

これに対して，**順位尺度**（または順序尺度）は，ゼロだけでなく数値間の間隔もない。1位と2位は鼻の差でも周回遅れでも1位と2位である。計算上で平均順位は出せるが，1.5位は実在しない（実在するなら1.5位は2位になる）。

さらに，順位も先後も成立しない尺度を**名義尺度**という。「テレビ」「パソコン」はどちらが1位でも2位でもない。「ハイ－イイエ」は「イイエ－ハイ」でもかまわない。それらは名称としてのみ存在する。前章までの二項検定やカイ二乗検定は，そうした順位尺度や名義尺度のデータを扱っていた。これら，いわゆる平均が出ないデータを分析する手法を総称して**ノンパラメトリック法**と呼んでいる。

ノンパラメトリックとは「母集団係数（パラメータ）なし」という意味である。つまり標本の背景に，正規分布したり特定の平均や分散の値を示したりする母集団を仮定しない。それゆえ，そうした母集団を仮定した手法が使用の制約に引っかかったとき，ノンパラメトリック法の出番となる。もちろん，もともとデータが順位や名義，カテゴリ名称（分類名称）であるときこそ本来の用途である。t検定と同じ2群の差（順位や度数の差）を検定するノンパラメトリック法が『結果の書き方』の後半に出力される。以下の4手法である。

Brunner-Munzel（ブルンナー・ムンツェル）検定は最近のものであり，デー

タ分布の正規性と等分散をまったく前提としない。ただし各群 $n = 10$ 人以下のときは p 値計算の近似が悪くなるので R 画面のオプション［順列化 BM の正確検定］（いわゆる直接確率計算）を実行したほうがよい。結果の記述は「順列化ブルンナー・ムンツェル検定（permuted Brunner-Munzel test）を行った結果，両群の順位の差は有意であった（$p = 0.017$, 両側検定)。」と書く。しかし各群 $n = 15$ 人以上になると，順列化検定は膨大な時間がかかるので注意する必要がある。

Wilcoxon（ウィルコクソン）の順位和検定，別名，**U 検定**は古典的手法である。両者はまったく同じものなので，どちらかの名称を使う。データが非正規分布のケースに適用されるが，t 検定と同様に 2 群の等分散を前提とすることに気をつけなければならない。

Median（メディアン）検定は，度数の 2 × 2 表の検定と同じである。データの非正規性と分散の非等質性のいずれのケースにも使える。

探索的集計検定は XR オリジナルの方法である。メディアンのような特定の値を定めず 2 × 2 分割表を試作し検定する。不等分散と非正規分布のケースではメディアン検定より検出力が高い。

●代表値と平均

データ分布の中心を表す統計量を**代表値**という。正規分布を仮定した代表値が**平均**（mean, 算術平均）である。他に，正規分布を仮定できないときはメディアン，モードがよく使われる。**メディアン**（median）は中央値であり，分布の中央に位置するデータの値を示す。**モード**（mode）は最頻値であり，最も頻繁に現れる値を示す。

下のデータ例 X は，メディアン = 1, モード = 1 である。データ例 Y は，メディアン = 5.5, モード = 9 である。国民の年間所得額を発表するようなとき，代表値はメディアンまたはモード（最頻階級）を用いる。平均は意味がない，他意はあるかもしれないが。

データ例 X［1, 1, 1, 2, 9］
データ例 Y［1, 1, 1, 2, 9, 9, 9, 9］

●散布度と標準偏差，分散

　データ分布の幅を表す統計量を**散布度**という。正規分布を仮定した散布度が**標準偏差**（standard deviation，*SD*）である。正規分布を仮定できないときは，範囲，四分位数などが使われる。**範囲**（range）はデータの最小値と最大値を，### - ### と示す。**四分位数**はデータ分布全体を 4 つに分け，25％点，75％点に当たるデータの値を，### - ### と示す。下のデータ例 Z は，範囲 1 - 9，四分位数 2.5 - 7.5 である。

　データ例 Z［1，2，3，4，5，6，7，8，9］

　散布度のうち，特に標準偏差（以下，*SD*）が多用される。データが出現する性質をよく表してくれるからである。R 画面で以下のように入力すると，データ［1, 2, 3］の平均と *SD* を計算できる。

```
mean( 1:3 )    # データ 1 〜 3 の平均＝ 2
sd( 1:3 )      # データ 1 〜 3 の SD ＝ 1
```

　データ［1, 2, 3］の SD を真摯に手計算すると下式となる（データ数 *N* = 3）。

$$SD = \sqrt{\frac{(1-平均)^2 + (2-平均)^2 + (3-平均)^2}{N-1}} = \sqrt{\frac{(-1)^2 + (0)^2 + (1)^2}{3-1}}$$

$$= \frac{2}{2} = 1$$

　式の分子で，データと平均の差を計算し（**平均偏差**という），その±を消すため 2 乗する。これでデータが平均から（プラスでもマイナスでもとにかく）ズレている大きさが出る。そのズレの合計（分子）を，自由度（*N* - 1）で割って自由度 1 個分のズレにする。自由度でなく単に *N* = 3 で割ってデータ 1 個分のズレにすることもできる（＝ 2 ／ 3 = 0.667）。次のように区別する。

自由度 1 個分のズレ = 1.000　不偏分散（母集団におけるデータのバラつき）

データ 1 個分のズレ = 0.667　標本分散（標本におけるデータのバラつき）

　いずれも**分散**（variance, バラつき）と呼ばれる。不偏分散は母集団推定値、標本分散は今回の標本値である。本章の *t* 検定のように母集団を仮定する手法を使ったら不偏分散のほうをレポートに掲載する。そこで最後に、不偏分散を（2乗値なので）元の寸法に戻すため√し、これをデータの標準的なバラつき、すなわち標準的な平均偏差 = ***SD*** とする。

　なお、不偏分散を√した ***SD*** を"不偏標準偏差"とは呼ばない。不偏分散を√した ***SD*** は「不偏分散の平方根」と長く言う。これを"不偏標準偏差"というと、***SD*** とは別の統計量になる。無意味な用語法であるが、データ 1 個分の標本分散を√したときは「標本標準偏差」と呼んで差し支えないとされる。

●歪度，尖度

　データ分布が正規分布であるかどうかを判断する指標に、歪度（わいど）と尖度（せんど）がある。R 画面のオプション［Median, 歪度 , 尖度 , SE など］を実行すると次のように表示される。

	median	range	歪度	尖度	SE
群 1	4	2	0.00	-1.71	0.31
群 2	2	3	0.25	-1.81	0.46

注）SE は標準誤差を表す。

　基本統計量の平均と ***SD*** に加えて、上記の統計量を掲載することは好ましい。特に歪度と尖度は、データの正規分布を検討するときの情報を与えてくれる。次のように解釈する。

・**歪度**（skewness）：データ分布の歪み（ヨコ方向の形状）を表す
　歪度＞0　左に詰まって右にすそ野が延びた L 字形の分布
　歪度＝0　正規分布と同等の左右対称の分布
　歪度＜0　左にすそ野が延び右に詰まった J 字形の分布

・**尖度**（kurtosis）：データ分布の尖り（タテ方向の形状）を表す

　　尖度＞0　　正規分布より鋭く尖っている

　　尖度＝0　　正規分布と同等の山型

　　尖度＜0　　正規分布より平坦化している

　歪度・尖度の有意性検定もあるが，数理偏重で過剰に有意になりやすいので実用的でない。経験則として，歪度・尖度ともに絶対値＝1以上は注意（分析可），絶対値＝2以上は危険と見るくらいが適当である。上記の例では，群1・群2の歪度は問題ない。尖度はどちらもマイナス1超えで，平たい分布になっていることがわかる。危険と判断したら，ノンパラメトリック検定を使う。予定どおり t 検定の実行に支障なしと判断したら，歪度・尖度の掲載は煩瑣であれば省略可である。

　なお，歪度（スキュー ness）は"隅（に）キュー"（と歪む）と覚え，尖度（カート sis）は"カーッと"（なって尖る）と覚えた，筆者の場合。

■ t 検定

　t 検定は，2群の平均の差を"t"という統計量に変換する（下式）。

$$t = \frac{平均の差}{差の標準偏差} = \frac{4.0000 - 2.1429}{\sqrt{\dfrac{群1\ SD^2 + 群2\ SD^2}{n}}} = \frac{1.8571}{\sqrt{\dfrac{0.8165^2 + 1.2150^2}{7}}}$$

$$= \frac{1.8571}{0.5533} = 3.3566$$

　t の計算は，**正規分布（群1）から正規分布（群2）を引く**ことを想定している。

　分子では，各正規分布の代表値である平均同士で，この引き算を行う。

　分母では，個々のデータ同士で，この引き算を行う。各群 $n = 7$ なので計7回の引き算が（無作為に）行われる。7回の引き算の差は大小またはプラス・マイナスに偶然にバラつくだろう。こうした正規分布から正規分布を引いたときの差のバラつきは，各正規分布の分散（＝ SD^2）の合計になる（正規分布の加法定理）。この分散の合計を，引き算1回当たりに換算するため n で割る。

最後に，元の（**SD** の）寸法に戻すため$\sqrt{}$する。これで引き算１回当たりの差のバラつきが得られる。

　かくして t の式は，２群の平均の差（分子）が，引き算１回当たりの差のバラつき（偶然誤差）の何倍あるかを計算している。今回 $t = 3.3566$ であり，２群の平均の差は偶然誤差の３倍以上あった。偶然の３倍以上の開きがあれば，今回の差は偶然に出現したものではないと判定してよさそうであるが，この $t = 3.3566$ の正確な偶然出現確率（**p 値**）を求める。これには**t 分布**という理論的分布を利用する。

　t 分布は，２平均の差 $= 0$ と仮定した帰無仮説の分布である。すなわち２群はどちらも同一の母集団から出現したと仮定する（必然的に２群の平均の差はゼロ）。この仮定下，１群のデータ数 $n = 7$ として，２群ずつ同一の母集団から無限回の標本抽出を繰り返すと，無限個の t から成る t 分布が出来上がる。以下のＲプログラム，４行を文書ファイルに書き，そしてＲ画面に貼り付ければ，$n = 7$ のときの理論的 t 分布が描ける（下図）。

```
n = 7                  # 1 群のデータ数
df= (n-1)*2            # 自由度
t = seq(-5, 5, 0.01)   # t の値＝ -5 ～ 5，0.01 刻み
plot(t, dt(t,df), ty="h")
```

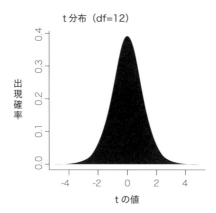

同一の母集団から抽出した２群の差なので，$t = 0$ を中心とした分布になる

（**n** = ∞なら正規分布に一致する）。今回の **t** = 3.3566 は，この理論的 **t** 分布の
かなり右のほうに出現する。そこから分布の右端までの出現確率（面積）は **p**
= 0.0057 しかない（両側検定なので 2 倍されている）。すなわち有意である（**p**
< 0.05）。ゆえに，差 = 0（**t** = 0）の母集団を仮定した帰無仮説は棄却され，
対立仮説（差 ≠ 0）が採択されて有意差とされる。

● Welch の方法

　Welch（ウェルチ）の方法は，両群の分散が同等でないときの修正 **t** 検定で
ある。検定の際の自由度（**df**）を減数し，有意になりにくくする。

　両群の分散（**SD**^{2}）が同等であることが，**t** の計算式の前提である。この前
提を以前は分散の同質性検定（R 出力参照）で確認してきた。しかし，この手
続きは検定の前に検定を行うというので専門家筋では大不評であった。そこで，
どんなときも Welch の方法による **t** 検定を常用することが推奨されている。

　R 出力『t 検定』を見ると，［分散同等］は **p** = 0.0057 であるが，［分散不等］
は **p** = 0.0068 と若干 **p** 値が膨らんでいる。後者が Welch の方法によるペナルティ
である（自由度が **df** = 10.501 と減数されている）。

　なお，**2 群のデータ数が等しくない場合の Welch の修正法は要注意**である
（極めて重要）。その場合，自由度だけでなく **t** の値も計算し直され，その **t** が
元の値より大きくなるという問題が生じる。この結果，（自由度のペナルティ
があっても）修正後の **p** 値のほうが小さくなり，有意になりやすくなるとい
うことがしばしば起こる。この問題が起こったとき，R 出力『t 検定』には［t
値不変］という第 3 行が出力される（次頁参照）。この第 3 行は元の **t** の値を
用いて（減数した自由度で）検定した結果を表示している。いわば "Welch の
方法改" である。ただし，この対処を妥当とすべきか，Welch の方法を良しと
すべきかは判断できない。今のところ "方法改" は R 出力だけに止め，『結果
の書き方』には反映していない。もし "方法改" の検定結果を採用したいとい
うときは下段の例のように 2 カ所を差し替える（信頼区間など他の記述部分は
変わらない）。

［Welch の方法で *t* の値が増大する例］

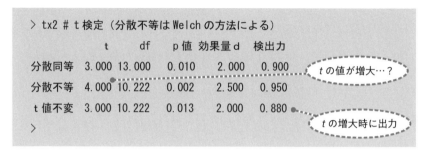

［"ウェルチの方法改"を用いたときの記述の差し替え］（2 カ所）

　　［現］Welch の方法による *t* 検定を行った結果，…

　　　　　↓

　　［改］Welch の方法による修正自由度を用いて元の *t* 値を検定した結果，…

　　［現］（*t*=4.000, *df*=10.222, *p*=0.002, *d*=2.500, 1−*β*=0.950, 両側検定），…

　　　　　↓

　　［改］（*t*=3.000, *df*=10.222, *p*=0.013, *d*=2.000, 1−*β*=0.880, 両側検定），…

●平均の差の信頼区間推定

　平均の差の 95％信頼区間は，*t* 分布の 2.5％分位点〜97.5％分位点の間の累積面積に相当する。

　分位点（quantile point）とは，*t* 分布の左端から特定の累積面積（％で表す）を区切る *t* の値である。どんな *t* 分布でも 50％分位点は *t* = 0 に当たる。平均の差の **SD**（*t* の計算式の分母 = 0.5533）はちょうど分位点 *t* = 1 に当たる。そこで，この SD に 2.5％点と 97.5％点の *t* を掛けてやれば，今回の平均の差が 95％信頼区間の下限にズレたときと，上限にズレたときの値がわかる。

　次頁の数式（＝と＝の間の数式）を R 画面に貼り付けると，平均の差の 95％信頼区間が計算できる。プログラム中の **qt** は *t* 分布の分位点を求める R 関数であり，その際の *t* 分布の自由度は Welch の減数自由度（= 10.501）を使用する。

95％信頼区間の 2.5％点（信頼区間の下限）

$$= (4.000-2.143) + qt(0.025, df=10.501)*0.5533 = 0.632$$

95％信頼区間の 97.5％点（信頼区間の上限）

$$= (4.000-2.143) + qt(0.975, df=10.501)*0.5533 = 3.081$$

応用問題
参加者内 t 検定（対応のある t 検定）

　上のお茶漬けの例題は，開発メンバー 14 名のデータであったが，ここから 7 名を選抜して両方のお茶漬けを試食してもらった。試食後の評定は前例と同じ 5 段階とした。評定平均に差があるか。Table 7-3 のデータについて参加者内 t 検定を実行しなさい。

Table 7-3　新・お茶漬けの素の評定データ（$N = 7$）

参加者	BT	SO
1	3	3
2	3	3
3	4	2
4	4	1
5	4	1
6	5	1
7	5	4

注)BT はバター醤油茶漬け, SO はソーライス茶漬け。

分析例

　同一人に複数の測定を実施することを**反復測定**（repeated measurement）といいます。上記のデータリストのように参加者 1 人の複数個のデータを 1 行に並べて入力します。ここでは開発メンバーから 7 人を選抜して両方のお茶漬けを試食し，評定を 2 回反復しました。

　データ入力Ⅱの「大窓に貼り付ける」ところでは，BT, SO のデータ部分

2列だけを貼り付けてください（『XR 例題データ』参照）。プログラムの実行後，出力された『結果の書き方』を修正すると次のようになります。

■ レポート例 07-2

　バター醤油ライスとソーライスのお茶漬けについて評定得点の基本統計量を Fig.7-1 に示す。

　t 検定を行った結果，両水準の平均の差は有意であり（t=3.122, df=6, p=0.020, dz=1.180, $1-\beta$=0.740, 両側検定），バター醤油茶漬けの平均がソーライス茶漬けよりも有意に大きかった。検出力（$1-\beta$）はやや低いが 0.70 以上あり不十分ではない。

　平均の差の 95％信頼区間は 0.402 − 3.312 であり，実質的に最小差は 1 ポイント近い差を生じるとはいえない。

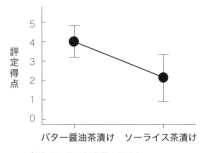

（注）SD は不偏分散の平方根。

Fig. 7-1　新・お茶漬けの素の評定平均

結果の読み取り：参加者内 t 検定

　実は前例とまったく同値のデータを使っていますので，結論としては先の基本例題と同じです。バター醤油茶漬けの評定平均が有意に高かったことが示されました（平均，**SD** は先例と同値）。

　ただし有意性はかなり落ちています。先の検定では p = 0.006 でしたが，本例では p = 0.020 です。参加者間 t 検定は得点そのものが正規分布するこ

とを前提としましたが，参加者内 *t* 検定は，参加者内の得点同士の差が正規
分布することを前提とします。この差の分布幅（＝偶然誤差）が比較的大き
かったようです。R 出力『基本統計量』の **SD** を見ると，水準1・2の **SD** = 0.8165，
1.2150 より，水準間の差の **SD** = 1.5736 が大きいことがわかります。差の分
布の正規性を確認するには，R 画面のオプション［…歪度，尖度，SE など］
を実行するとよいでしょう（見方は p.100 参照）。

　参加者内 *t* 検定の効果量 *dz* は，便宜的評価基準がありません。もし先行
研究があれば大きさを比較するようにします。

　検出力は望ましい 0.80 に達しませんが（1 − **β** = 0.740），0.70 以上あるの
で，十分とはいえないが「不十分ではない」という許容範囲の評価です。つ
まり 100 回に 70 回以上は有意差を得られるので，今回得られた有意性もそ
のうちの 1 標本として一応信用できるということです。

　なお，『結果の書き方』は，ノンパラメトリック法の Wilcoxon の符号化
順位検定の結果も出力しますが，*t* 検定に問題がないので記述不要です。ノ
ンパラメトリック検定は基本的に検出力が落ちます。しかし *t* 検定で有意で
なかったケースが救済される場合もあります。そんなとき一見してみてくだ
さい。

7.4　統計的概念・手法の解説 2

●実験計画法と反復測定

　参加者内 *t* 検定のような反復測定によって得られるデータを**対応がある**と表
現する。それで参加者内 *t* 検定は別名，対応がある *t* 検定（paired t-test）と
呼ばれる。これに対して，先の参加者間の *t* 検定はデータに対応がない，独立
の異なる標本を扱うことから，2 標本 *t* 検定（two sample t-test）と言われる。

　この区別は**実験計画法**（experimental design）における参加者内・参加者
間の区別に相当する。それぞれのメリット・デメリットを検討してみよう。

　参加者内計画または反復測定のメリットは，①参加者間計画よりも参加者の
人数が少なくてすむ，②参加者の個人差の統制が不要という点にある。メリッ
ト②は特に大きい。参加者間計画の場合，群分けのとき，もともとお茶漬けの

好きな人が一方の群に集まり，反対に苦手な人が他方の群に集まるおそれがある。このため個人差が均等になるよう参加者の割り振りに配慮する必要がある。または参加者の無作為抽出という仮定を前提としなければならない。この点，参加者内計画ならば，もともとお茶漬けの好きな人は高い得点レベルで差を示せばよく，苦手な人は低い得点レベルで差を示せばよいので，個人差の統制は原理的に不要である。

その代わり，参加者内計画のデメリットは，手続きが複雑化する点にある。反復測定なので単純に参加者1人の実施時間と労力が増大する。特に注意すべきは測定順序の問題である。この例では各参加者がバター醤油ライスとソーライスの2品のお茶漬けのどちらを先に食べ，どちらを後に食べるかを無作為化（ランダマイズ）しなければならない。ふつう参加者の半数ずつ先後を逆にするが，そうした順序の完璧な相殺が不可能な場合が多い（たとえば質問紙上の何十項目もの評定尺度の順序の入れ替えは現実に不可能）。さらに水準間のインターバルをどうするか（何分間にするか，何をさせるか）や先行の味覚印象をどうやってリセットするかなど，手続きの複雑化・多大化が避けられない。しかしそれをしないと水準間に有意差が見いだされても，それは順序効果，練習効果，疲労効果，ハロー効果，キャリーオーバー効果ではないかと言われかねない。これらの"効果"はすべて，本来ねらった効果を無効化するネガティブな効果である。

手続きのメリット・デメリットを考えて，参加者間・参加者内を計画することになる。もちろん同一の参加者の"伸び"や時系列的変化を見たいときは，必然的に参加者内計画になる。典型的には，プリテスト・ポストテスト計画（pretest-posttest design）がそれである。こうした実験のデザインとセットになっているデータ分析の方法として，次章から扱うさまざまなデザインの分散分析が開発されている。

Chapter 8

1 要因分散分析

　分散分析（analysis of variance, ANOVA）は，*t* 検定の上位互換法です。*t* 検定と同じく 2 個の平均の差も検定でき，さらに 3 個以上の平均の差も検定できます。

　本章では 1 要因分散分析（別名・一元配置分散分析）を扱います。つまり複数の平均を一列に並べて，有意な差があるかどうかを検定します。2 要因になると，平均をタテ・ヨコに並べて差を検定します。そうした複雑なデザインも後の Chapter で扱います。

基本例題　**味噌汁の好みに差は見られるか**

　T 県にある S 工場の社員食堂で，日替わりランチの利用者 16 名に，3 種類の味噌汁 X, Y, Z のいずれか一つを無料で提供し，そのおいしさを評定してもらった。評定段階は「非常においしい」「けっこうおいしい」「どちらかと言えばおいしい」「ふつう」「おいしくない」の 5 段階であり，肯定側から [5, 4, 3, 2, 1] と得点化した。その結果，Table 8-1 のようなデータが得られた。

Table 8-1　味噌汁の評定値

群 (A)	参加者 (s)	データ
1	1	3
1	2	5
1	3	3
1	4	5
2	5	4
2	6	5
2	7	4
2	8	5
2	9	5
3	10	2
3	11	3
3	12	2
3	13	4
3	14	4
3	15	1
3	16	1

注）群番号は以下を表す。
1 ＝味噌汁 X
2 ＝味噌汁 Y
3 ＝味噌汁 Z

8.1 データ入力

　Table 8-1の見出しを見てください。左から「群」「参加者」「データ」と並んでいます。「群」は**要因**（factor）または実験変数,操作変数などと呼びます。形式的にアルファベット"A"で表します。今回は群は味噌汁を味わうグループであり,3種類の味噌汁があるので3群（＝3水準）になります。

　参加者（participants）は固定記号"s"で表します。以前は被験者（subjects）と言われていたので,その頭文字で表します。ローマ字表記"sanka-sha"の頭文字と考えましょう。

　3列目にデータ（評定得点）が来ます。これらの見出しを左から順番に読むと"A, s, データ"になります。そこで,このデータ形式を分析するには,**分散分析 As** を選べばよいとわかります。

▶▶データ入力Ⅰ：キーボードから直接入力する

❶STAR画面左の【As（1要因参加者間）】をクリック
　→各種の設定画面が表示されます。「要因名」は"A"のままにしておきます。
❷水準数と,各水準の参加者数を入力する

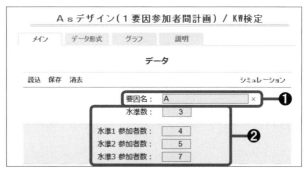

❸データ枠にキーボードからデータを入力する
❹Rオプション［多重比較の調整法］を選ぶ
　→初期値［BH法］のままにしておきます。
❺【計算！】ボタンをクリック　→Rプログラムが出力されます。
❻Rプログラムを【コピー】　→R画面で右クリック　→ペースト　→計算
　が始まります。

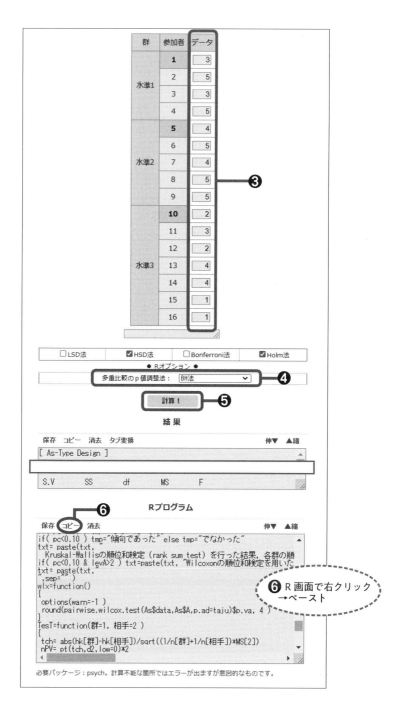

❼『結果の書き方』を文書ファイルにコピペする

　　→以下，文章の修正を行い，レポートに仕上げます。

▶▶ データ入力Ⅱ：他ファイルからデータを貼り付ける

❶❷は［▶▶ データ入力Ⅰ］と同じです。

❸データ枠の直下にある小窓をクリック　→小窓が大窓になります。

❹大窓に『XR 例題データ』からデータをコピペする

　　→大窓にデータ（見出しなしで数値部分だけ）を貼り付けます。

❺大窓の右下にある【代入】ボタンをクリック

　　→データ枠にデータが入ります。Table 8-1 と同じ数値になったかを確認します。

❻【計算！】ボタンをクリック

　　→以下，［▶▶ データ入力Ⅰ］と同じです。R プログラムを R 画面にコピペしてください。

8.2 『結果の書き方』の修正

　次のように文章が出力されます。下線部を修正してください。図表については修正要領の後にまとめます。

> cat(txt) # 結果の書き方
　　各群の〇〇得点ｱ) について基本統計量を Table(tx0) or Fig. ■に示す。
　　分散分析の結果（Table(tx1) 参照），要因Aｲ)は有意であった（$F_{(2,13)}$ =6.575, p=0.01, $\eta 2$ ｳ) =0.503, $1-\beta$ =0.901）。検出力（$1-\beta$）は十分である。
　　参加者間の分散の均一性について Bartlett 検定を行った結果（Table(tx8) 参照），有意でないことを確認した（$\chi 2 (2)$=2.56, p=0.277）。
　　プールド SD を用いた t 検定による多重比較（α =0.05，両側検定）を行った結果，平均の大きい順（A2, A1, A3ｴ)）に記述すると，A2の平均4.6ｵ)

はA1の平均と有意差がなく（adjusted p=0.418），次のA3の平均2.429よりも有意に大きかった（t(13)=3.462, adjusted p=0.012）。また，A1の平均4はA3の平均2.429よりも有意に大きい傾向があった（t(13)=2.34, adjusted p=0.053）。

　以上のp値の調整にはBenjamini & Hochberg（1995）の方法を用いた。

[引用文献]

Benjamini, Y., & Hochberg (1995). Controlling the false discovery rate: A practical and powerful approach to multiple testing. Journal of the Royal Statistical Society Series B, 58, 289-300.

<u>⇒データ分布に正規性を仮定できない場合は下の記述を参照してください。</u>ヵ）

　Kruskal-Wallisの順位和検定（rank sum test）を行った結果，各群の順位和の差は有意であった（$\chi 2(2)=7.602$, p=0.022）。Wilcoxonの順位和検定を用いた多重比較の結果は，Table（オプション『Wilcox多重比較（調整後p値）』）の通りである（データにタイがある場合p値は近似値）。p値の調整にはBenjamini & Hochberg（1995）の方法を用いた。
　〉

［下線部の修正］

ア　各群の○○得点を「3種類の味噌汁に対する評定得点」に書き換えます。

イ　要因Aは「味噌汁の要因」または「3種類の味噌汁の差」に置換します。

ウ　新出の効果量η2（イータ2乗）をη^2と整形します。

エ　A2は"要因A，水準2"を表します。つまり「味噌汁Y」に置換します。同様に，A1, A3は「味噌汁X」「味噌汁Z」に置換します。

オ　A2の平均4.6の数値部分は確認用です。平均の値はR出力『基本統計量』のTableに掲載されるので，単に「味噌汁Yの平均」でも問題ありません。以下同様。

カ　これ以下，通常省略。最初からノンパラメトリック検定を行いたかった

とき（データが順位尺度のとき），採用してください。分散分析 As（1要因参加者間デザイン）に相当するノンパラ法は Kruskal-Wallis（クルスカル・ワリス）検定になります。

[図表一覧]　※見本があるものはカッコ内に参照図表を記載しています。
・**Table(tx0)**　必須。R 出力『基本統計量』から作成（Table 8-2）。
・**Table(tx1)**　省略可。掲載するなら R 出力『分散分析表』から作成（Table 8-3）。
・**Table(tx8)**　通常省略。掲載するなら R 出力『分散の均一性検定』から作成。
・**Fig. ■**　平均のヒストグラム（棒グラフ）はプレゼン用に推奨。R グラフィックスから作成。

修正後のレポートの一例を下記に示します。

■ レポート例 08-1

3 種類の味噌汁に対する評定得点について基本統計量を Table 8-2 に示す。

Table 8-2　評定得点の基本統計量

味噌汁	X	Y	Z
n	4	5	7
Mean	4.000	4.600	2.429
SD	1.155	0.548	1.272

注）SD は不偏分散の平方根。

分散分析の結果，味噌汁 3 種類の差は有意であった（$F(2,13)=6.575$ ＊)，$p=0.010$, $\eta^2=0.503$, $1-\beta=0.901$）。検出力（$1-\beta$）は十分である。
参加者間の分散の均一性について Bartlett 検定を行った ＊) 結果，有意でないことを確認した（$\chi^2(2)=2.560$, $p=0.277$）。
プールド **SD** を用いた **t** 検定による多重比較（$a=0.05$, 両側検定）を行った ＊)

結果，平均の大きい順（味噌汁 Y，味噌汁 X，味噌汁 Z）に記述すると，味噌汁 Y の平均は味噌汁 X の平均と有意差がなく（*adjusted p*=0.418），次の味噌汁 Z の平均よりも有意に大きかった（*t*(13)=3.462, *adjusted p*=0.012）。また，味噌汁 X の平均は味噌汁 Z の平均よりも有意に大きい傾向があった（*t*(13)=2.340, *adjusted p*=0.053）。

　　以上の *p* 値の調整には Benjamini & Hochberg (1995) の方法を用いた。

結果の読み取り

　　分散分析の結果，味噌汁 3 種類の評定平均に有意差があることが示されました。

　　$F_{(2,13)} = 6.575$（下線部**キ**）は **F 比**または **F 値**という統計量です（カッコ内の 2, 13 は 2 つの自由度）。F 比は，味噌汁 3 平均間の差が偶然誤差の 6 倍以上あったことを示しています。偶然誤差の 6 倍以上の差が偶然に出現する確率は $p = 0.010$ しかなく有意です。**効果量 η^2** は「イータ 2 乗」といい，$\eta^2 = 0.503$ は，データ全体の動き方の 50.3％が味噌汁 3 平均の差で生じた動きであったことを意味します。経験則としては，$\eta^2 = 0.10$（説明力 10％）以上あれば一定程度の大きさ（小さくない差）といえます。検出力（$1 - \beta = 0.901$）は十分であり，今回の標本の差を真の差とみなしてよいという信頼性が得られました。

　　次に，分散分析の前提「分散の均一性」を確認します（下線部**ク**）。**分散の均一性**とは，3 群の分散（$= SD^2$）が等しいことです。これを **Bartlett（バートレット）検定**で確かめます。もし検定結果が有意になると 3 群の分散は有意差があり，均一ではないことになります。すると分散分析の結果は信頼が置けません。本例では，Bartlett 検定の結果は $p = 0.277$ で有意ではないので，分散の均一性の前提は守られていると確認できます（『統計的概念・手法の解説』を参照）。

　　分散分析の有意性の判定→分散分析の前提の確認，と来て最後に，味噌汁 3 種類のど̇れ̇とど̇れ̇の間に有意差があるかを多重比較によって調べます（下線部**ケ**）。R 出力は有意傾向（$p < 0.10$）まで採用しますが，有意傾向を採ってはダメと言われたら有意傾向の記述部分は削除してください。

多重比較の結果をまとめると，平均の大小関係は"味噌汁 Y ≒味噌汁 X ＞味噌汁 Z"となります。このような系列的な表現もわかりやすい記述の仕方です。

今回，T 県の従業員の人たちは，味噌汁 Z の風味が口に合わなかったようです。同じ定食でも味噌汁は数種類から選べるようにしたほうがよいかもしれません。実際，食品会社はこうした味覚調査のデータをもとにインスタントラーメンやスナック菓子の味付けを地域別に変えていることが知られています。企業秘密に類するデータでなかなか表に出ないものです。ふと知り合った然る会社の研究員の方から，ある地域の意外な味の好みを聞いて驚いたことがあります。エー本当ですかぁ，それはスゴい，ぜひ学会に発表したらいいですよと言ったら，「クビになります…」とうつむいて言われました。

8.3　統計的概念・手法の解説

●分散分析

分散分析は複数の平均の差を検定する。平均の数は何個でもよい。また，平均の比較の仕方もいろいろにデザインできる。

検定原理は t 検定とまったく同じである。帰無仮説として，複数の平均はすべて同一母集団から抽出されたものと仮定する。この仮定下で抽出された標本平均と母平均とのズレを 2 乗し（←ここで 2 乗し分散にする点が t 検定と異なる），平均間の分散とそれ以外の分散に分ける。Table 8-3 の「分散分析表」

Table 8-3　分散分析 As の分散分析表（計算記号は理解用）

	SS		df		MS	F	p	η^2
要因 A	15.086	÷	2	=	7.5429	= 6.5747	0.0106	0.5029
s	14.914	÷	13	=	1.1473			

注）見出しはそれぞれ以下を表す。

SS　Sum of Square（偏差平方和，分散合計）
df　degree of freedom（自由度，df_A ＝群数－ 1，df_S＝N －群数）
MS　Mean Square（平均平方，自由度 1 個当たりの分散）
F　F ratio or F_value（F 比 or F 値）
p　probability value（p 値）
η^2　イータ 2 乗

における要因Aの **SS** = 15.086 と，s（偶然誤差）の **SS** = 14.914 が，その分けられた分散である。それぞれを自由度1個当たりに換算してから，要因Aの分散が，偶然誤差sの何倍か（= **F** 比）を求める。Table 8-3の計算記号を左から右へ追ってゆけば，**F** 比の計算過程がわかる（原理的仕組みは，田中　敏・中野博幸（2013）『R & STAR データ分析入門』新曜社，第11章に詳しい）。

t 検定は実は同じことをデータの寸法のまま±を付けて行うが，分散分析は2乗値で行う。そのほうが差の±を省き，純粋に母平均からズレた大きさ（平均偏差）だけを評価できる。差の2乗（= **SD**^{2}）を分散と呼ぶ。差を2乗し分散値にした後，その分散を平均の差（要因A）で生じた分散と，残った偶然誤差の分散に分けるので，"分散の分解"すなわち分散分析という。

ただし差を2乗すると差の±が無くなり，どの平均が大きいのか，どの平均が小さいのかわからなくなるので多重比較が不可欠になる。

●効果量 η^2（イータ2乗）

分散分析の効果量は，意味的には **F** 比と同じである。つまり要因Aの説明分と偶然誤差との比較を **F** 比は分子・分母比で表現しているが，効果量 η^2 はパーセンテージで表現する。Table 8-3の **SS** で次のように求める。η^2 = 15.086 ／（15.086+14.914）= 0.503，すなわち要因Aによる分散がデータの全分散の50.3%を占めることを表す。この他にも分散分析の効果量は，**f**（スモールエフ），ω^2（オメガ2乗），**r**（アール）などがある。η^2 と **f** がよく使われる。

●プールド **SD** を用いた **t** 検定

分散分析後の多重比較は **t** 検定で行う。**t** 検定は偶然誤差を推定するとき，通常2個の **SD** を用いるが，この **t** 検定は全 **SD**（本例は3個）を用いる。これを**プールド SD**（**pooled SD**）という。そのほうが偶然誤差の推定の信頼性が上がるとされる。Table 8-3の **MS** = 1.1473 がプールされた分散であり，その平方根がプールド **SD**（= $\sqrt{1.1473}$ = 1.0711）となる。『基本統計量』に掲載された3群の **SD**（= 1.1547，0.5477，1.2724）の平均程度の値になる。

多重比較は計3回あるので，検定は調整された **p** 値（**adjusted p**）で行われる。『結果の書き方』には有意または有意傾向であったときのみ **t** の値を示すが，もし有意でない比較でも **t** の値を報告するよう求められた場合は，R画面のオ

プション［任意の2群のt検定］を実行すれば入手できる。オプションの初期値は［群 =1, 相手 =2］になっているが，群番号を任意に書き換えていただきたい。

●修正 *F* 検定

分散分析は，（前提である）データ分布の正規性と分散の均一性が多少疑わしくても，大して結果が変わらないことが確かめられている。これは分散分析の**頑健性**と言われる。しかしながら，R 画面のオプション［歪度・尖度］が絶対値2以上であったり（Chapter 7, p.101 を参照），Bartlett 検定（分散の均一性の検定）が有意になったりする場合は，やはり前提不成立とみるべきである。

その際の対策は2つある。一つは，修正 *F* 検定である。これは *t* 検定の Welch（ウェルチ）の方法を分散分析に応用した R 独自の手法である。js-STAR の R プログラムは自動的にそれを実行する。ただし，ここでも次の注意が必要である 重要 。通常，修正法は検定結果を有意になりにくくするが，逆に *F* 比が再計算されて修正前より大きくなることが時々起こる。そこで**R 画面には［再計算の F 比検定］と［元の F 比検定］の2通りの結果を表示している。**

『結果の書き方』では前者［再計算のF比検定］を自動的に採用しているので，［元のF比検定］に差し替えたいときは，下の2カ所を書き換える。

［現］Welch の方法による修正 *F* 検定（R の oneway.test 関数）を行った結果, …
　　　↓
［改］Welch の方法による修正 *F* 検定（R の oneway.test 関数）の減数自由度を用いて元の *F* 比を検定した結果, …

［現］$(F(2, 6.829)=7.402, p=0.019)$。
　　　↓
［改］$(F(2, 6.829)=6.575, p=0.025)$。← R 出力の［元のF比検定］の値

非正規性への対策のもう一つは，分散分析に代えて，ノンパラメトリック法の Kruskal-Wallis の順位和検定を行うことである。ただし分散の均一性が前提となる。有意であった場合，多重比較は同じノンパラ法の Wilcoxon の順位

和検定を用いる。これはR画面のオプションの［Wilcox多重比較（調整後p値）］を実行する。

●サンプルサイズ（データ数）をいくつにするか

1平均につき，n = 15個以上のデータ数を確保することが努力目標である（n = 20が理想目標）。しかしながら，もともと，分散分析は少ないデータ数から結果を得るために開発された（と聞いたことがある）。研究者はアイディアが命である。サンプルサイズの小ささ（データ数の少なさ）を理由に検証をためらうべきではない。度を過ぎないかぎり方法の信頼性に囚われてはならない。追試を忘れなければよいだけのことである。

分散分析で有意であっても多重比較で有意差が得られないケースがある。その結果はありのままに報告する。そしてサンプルサイズ（n），水準数，またはデータの取り方やデザインを変えた実験II・調査IIを目指すようにする。

応用問題

参加者内分散分析 sA の実行

新製品の腕時計 X, Y, Z の3品を研究協力者6名に提示し，自由に手に取ったり腕に付けたりして，それぞれの時計の良さを5段階で評定してもらった。評定段階は「非常に良い」「けっこう良い」「ふつう」「あまり良くない」「非常に良くない」であり，その順で [5, 4, 3, 2, 1] と得点化した。Table 8-4 の評定得点について分散分析を用いて検定しなさい。

Table 8-4　腕時計 X, Y, Z の評定結果（N = 6）

参加者	腕時計（A）		
(s)	X	Y	Z
1	2	3	4
2	1	1	2
3	3	1	4
4	1	1	3
5	2	5	4
6	1	1	3

参加者1人が新製品の腕時計3種類，すべてを評定する反復測定デザインです。

データ入力は**1人1行**が鉄則ですので，Table 8-4のように1人3個の評定値が1行に並びます。そうするとTable 8-4の見出しは左から，参加者（s），腕時計3製品（要因A）と読めます。すなわち分散分析sAを実行すればよいとわかります。

データ入力Ⅱ（大窓から代入する）でデータを入力するときは，3列のデータ部分だけを貼り付けるようにしてください（『XR例題データ』にデータあり）。

以下は，出力された『結果の書き方』を修正した後のレポート例です。ノンパラメトリック検定の出力部分は省いています。

▣ レポート例 08-2

新製品の腕時計 X, Y, Z の評定得点について基本統計量を Table 8-5 に示す。

Table 8-5　腕時計3品の評定値の基本統計量（N = 6）

	製品 X	製品 Y	製品 Z
Mean	1.667	2.000	3.333
SD	0.817	1.673	0.817

注）SD は不偏分散の平方根。

分散分析の結果，腕時計3種の差は有意であった（$F(2,10)$=5.833, p=0.020, $\eta_{p\exists}^{2}$ =0.538, $1-\beta$=1）。検出力（$1-\beta$）は十分である。なお検出力の値は Fisher の重み付き Z 変換値による平均相関を用いて算出した。

参加者内誤差について Mauchly の球面性検定を行った結果，有意であった$_{サ)}$（*Mauchly's W*=0.222, p=0.049）。このため Greenhouse-Geisser の自由度調整係数による修正検定を行った結果，要因は有意傾向であることを確認した（*G-G corrected p*=0.052）。

対応のある t 検定を用いた多重比較（a=0.05, 両側検定）を行った結果，平

均の大きい順（Z，Y，X）に記述すると，腕時計 Z の平均は腕時計 Y の平均よりも有意に大きい傾向があった$_{シ}$ ($t(5)=2.390$, *adjusted p*=0.093)。また，腕時計 Y の平均は以降の平均と有意差がなかった（*adjusted p*=0.638）。

　　以上の *p* 値の調整には Benjamini & Hochberg (1995) の方法を用いた。

sA の結果の読み取り：効果量 η_p^2，参加者内誤差の球面性

　分散分析の結果は有意です（$p = 0.020$）。新出の効果量 η_p^2（下線部コ）は「偏イータ 2 乗」と読みます。整形されていますので文字形をしっかり把握してください。

　下付きの "p" は "partialized"（部分的な，偏-）を表します。"Total" と対になります。参加者内 sA の分散分析表は Table 8-6 のようにデータの全分散を 3 つに分けるので，下の式のように，η^2（要因の説明率）には 2 通りの計算の仕方が生じるのです。

Table 8-6　分散分析 sA

	SS	df	MS	F	p	η_p^2	
s	12.6667	5	2.5333	3.1667	0.0570	—	←s は個人間の差異
要因A	9.3333	2	4.6667	5.8333	0.0209	0.5385	
s × A	8.0000	10	0.8000	—	—	—	←s × A は個人内の動揺

偏- イータ 2 乗　　　$\eta_p^2 = 9.3333 / (\quad\quad 9.3333+8.0000) = 0.5380$
（全体）イータ 2 乗　$\eta_T^2 = 9.3333 / (12.667+9.3333+8.0000) = 0.3111$

　偏イータ 2 乗は，*F* 比に用いた分子・分母だけ（部分的な分散値だけ）から計算します。この偏イータ 2 乗と全体イータ 2 乗は As デザインでは一致しますが，それ以外のデザインでは一致せず，主に偏イータ 2 乗のほうを掲載します。偏イータ 2 乗は，検定に用いた分散に限定すると 53.8%（= η_p^2）が要因によるものであったことを示します。全体イータ 2 乗（η_T^2）は，データ全体の総分散に対して要因は 31.1% の説明力（効果量）があったことを示します。

　参加者間 As の前提は，各群の分散（SD^2）の均一性でしたが，参加者内 sA

の前提は**参加者内誤差の球面性**です。球面性とは参加者内誤差の均一性を意味します。この確認には，**Mauchly（モークリィ）の球面性検定**を用います。結果は有意であり（下線部**サ**），球面性（参加者内誤差の均一性）を仮定できないというトラブルが生じました。しかしながら結果的に修正検定で救済することができました。有意性が一段階落ちましたが（$p = 0.020 \rightarrow p = 0.052$）。このトラブル処理は自動化されていますので，出力されたとおりに読み進めてください。ただし，もし有意傾向（$0.05 < p < 0.10$）を採らない方針ならば，「修正検定を行った結果，有意性は得られなかった（**G-G corrected p** $= 0.052$）。」として終わってください。

　さて，多重比較によると腕時計 Z の平均 3.333 が最も評価が高く，次順の腕時計 Y の平均 2.000 と有意傾向差があることが示されました（下線部**シ**）。さらに後順の腕時計 X の平均はもっと小さくなり有意性が上がるので，検定不要になります（R 出力を見ると **adjutsted** p=0.0016）。平均の大きい順に検定しているので，この時点で腕時計 Z の"独り勝ち"が確定します。何が良かったのかについて討論（Discussion）へと進むことになります。

8.4　統計的概念・手法の解説 2：球面性不成立の対策

●球面性の不成立と修正 *F* 検定

　球面性（sphericity）とは，参加者内誤差が水準間で均一であることを意味する。具体的には腕時計 X，Y，Z の評定値を x，y，z とすると，3 水準間の 3 つの差（x − y），（x − z），（y − z）の各分散が等しいことをいう。

　この球面性の確認に用いられる手法の一つが，Mauchly の球面性検定である。検定結果が有意でないときに，水準間の差の分散（3 個生じる）は均一であるとして球面性を仮定する。しかし検定結果が有意であったときは，球面性不成立とされる。差の分散 3 個のうち，有意差があるのでどれが正しい大きさなのかわからなくなるからである。それらを無理に合算した参加者内誤差（分散分析表の s × A）を使用した *F* 検定は信用できなくなる。

　この対策として，検定の自由度を減数し，*F* 比の検定をやり直す方法が提案されている（修正 *F* 検定）。修正 *F* 検定は通常，Greenhouse-Geisser（グリー

ンハウス・ガイザー）の**自由度調整係数** ε（イプシロン）を用いる。本例は ε = 0.5625，これを F 比の分子・分母の自由度に掛け減数する。なおデータ数が少ないときは（N = 10 前後），Huynh-Feldt（フィン・フェルト）の ε を用いてもよいとされる（ε ＞ 1 になったときは ε ＝ 1 とする）。

　球面性不成立のとき，js-STAR の R プログラムは以上の対処を自動化している。球面性は反復測定に関して近年勃発したテーマであり，分析手順や手法の信頼性が確立していない部分が多い。研究関心が個々の水準の変動にあるうちは，おそらく新たな手法も大同小異で，今後もそれほどの違いはないと思われる。

●観測値の独立性

　分散分析に限らず観測値は独立性を要求される。これは値の独立性を意味する。すなわち値が実験変数以外から影響を受けないことである。

　特に反復測定デザインでは，先に述べた順序効果，キャリーオーバー効果などのほか，疲労，飽和，作為などによる観測値の動揺が知られている。これらの効果や要因を統制できないときは（ほとんど統制できない），それらの影響を相殺する（影響を打ち消しあう）ようにする。手続き上，腕時計 X，Y，Z を反復評定するなら，参加者ごとに各時計の提示順序を変えて相殺する。または本例のように 3 個すべてを同時提示し，偶然の相殺下に置く。

　大学のゼミ旅行で訪れた著名なラーメン街で口コミで評判の 3 店のラーメンを評定して回った。1 店めは大変おいしく，2 店めもまあまあ食べられた。3 店めはひたすらつらかった。評定すらしなかった。ラーメン店のせいではない。反復 3 回でこうなので反復測定の手続きには特に注意が必要である。

2 要因分散分析

1 要因分散分析は，結局，要因Aの単独の効果（主効果）の検定でした。こ
れにもう一つ，要因Bが加わると，2 要因の“交互作用”という複雑な効果が
現れます。分析の方針として，**交互作用が有意でないときは主効果を分析し，
交互作用が有意なときは交互作用を分析する**ことになります。人間の現象は本
質的に交互作用で成り立っていることを，早逝した先輩は「人間は交互作用す
る生き物である」と喝破していました。

基本例題　**ホームページの第 1 ページにどんな画像を用いるべきか**

大学公式ホームページをリ
ニューアルするため，新たな第 1
ページ（the first page）を試作した。
当大学の特色や象徴として雄大な
「山河」，歴史ある「講堂」，活気あ
ふれる「学生」のイメージ画像を
用いた 3 作品を作り，実際に男女
学生 25 人に提示してアピール度を
評定してもらった。評定段階はア
ピール度が「非常に高い」から「非
常に低い」まで 5 段階であり，[5,
4, 3, 2, 1]と得点化した。その結果，
Table 9-1 のようになった。3 画像
はどれがホームページ第 1 ページ
としてアピールするだろうか，2
要因分散分析で検定しなさい。

**Table 9-1　本学ホームページの第 1
ページに用いる画像のアピール度**

性別 (A)	画像 (B)	参加者 (s)	データ
1	1	1	3
1	1	2	1
1	1	3	2
1	2	4	4
1	2	5	1
1	2	6	2
1	3	7	4
1	3	8	3
1	3	9	4
1	3	10	5
1	3	11	5
2	1	12	3
2	1	13	1
2	1	14	2
2	1	15	2
2	1	16	4
2	2	17	2
2	2	18	2
2	2	19	2
2	2	20	3
2	2	21	1
2	3	22	5
2	3	23	2
2	3	24	4
2	3	25	4

注）性別：1= 男性，2= 女性。
　　画像：1= 山河，2= 講堂，3= 学生。

9.1 データ入力

これは，性別（2）×ホームページ画像（3）の2要因計画になります。

性別を**要因A**，ホームページ画像を**要因B**と機械的に名づけます。参加者は**固定記号s**を用います。こうしてデータを入力すれば，Table 9-1における見出しは自然に左から，"A，B，s，データ"と読めます。これで分散分析 ABs を選べばよいとわかります。

繰り返しになりますが，データ入力は**1人1行**が鉄則です（Table 9-1はデータ1個で即改行している）。そうすれば，データリストの見出しが自然に分散分析のデザインを教えてくれます。以後の例題のデータリストにおいても**1人1行**で入力されて改行されていることを注意して見てください。

▶️ データ入力Ⅰ：キーボードから直接入力する

入力操作Ⅰはもはや実用には向きません。これ以降，［データ入力Ⅱ］のみを使うことにします。

▶️ データ入力Ⅱ：他ファイルからデータを貼り付ける

❶STAR画面左の【ABs（2要因参加者間）】をクリック
→設定画面が表示されます。［要因の名前］は初期値（A，B）のままにしておきます。

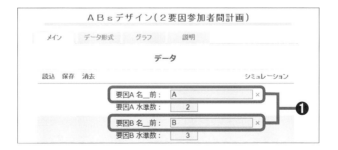

❷水準数［2,3］，参加者数［3,3,5,5,5,4］を入力する　→データ枠が表示

されます。

❸ データ枠の下の小窓をクリック　→小窓が大窓になります。

❹ 大窓に『XR 例題データ』からデータを貼り付ける　→【代入】をクリック　→データ枠にデータが入ります。

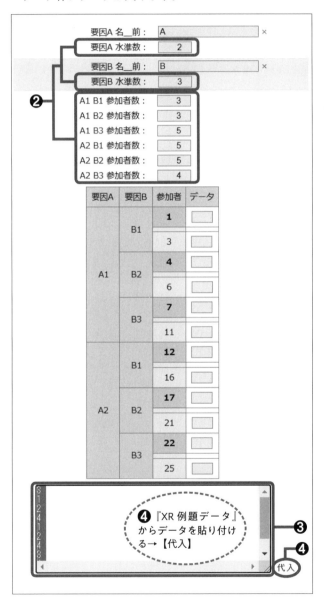

❺【計算！】ボタンをクリック　→Ｒプログラムが出力されます。

❻Ｒプログラムを【コピー】　→Ｒ画面で右クリック　→ペースト

❼Ｒ出力の『結果の書き方』を文書ファイルにコピペし，修正を行い，レポートに仕上げます。

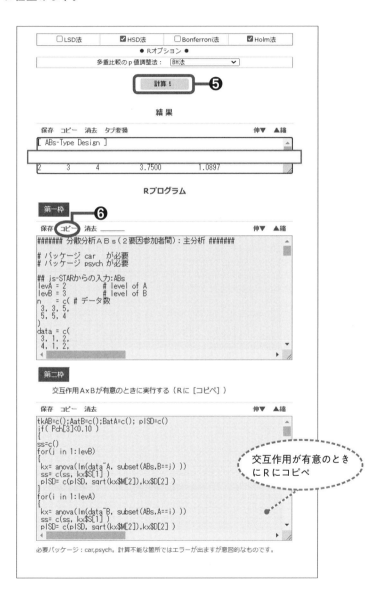

9.2 『結果の書き方』の修正

　下記が，出力された『結果の書き方』です。下線部を修正するだけでレポートになります。

```
> cat(txt) # 結果の書き方
```
　<u>各群の〇〇得点ア)</u>について基本統計量を Table(tx0) or Fig. ■に示す。

　2 要因の参加者間分散分析（Type Ⅲ _SS 使用）を行った結果（Table(tx1) 参照），<u>主効果Aィ)</u>が有意でなく（$F_{(1, 19)}=0.086$, p=0.772, ηp2=0.004, $1-\beta$ =0.061），主効果 B が有意であり（$F_{(2, 19)}=7.949$, p=0.003, ηp2=0.456, $1-\beta$ =0.972），交互作用 A×B が有意でなかった（$F_{(2, 19)}=0.368$, p=0.696, ηp2=0.037, $1-\beta$ =0.117）。

　主効果Bの検出力（$1-\beta$）は十分である。

　参加者間の分散の均一性について Bartlett 検定を行った結果（Table(tx8) 参照），有意でないことを確認した（$\chi2_{(5)}=2.071$, p=0.839）。

　主効果Bについて，プールドSDを用いたt検定による多重比較（α =0.05, 両側検定）を行った結果，<u>B1ゥ)</u>の平均 2.25 が B3 の平均 4 よりも有意に小さく（$t_{(22)}=3.571$, adjusted p=0.002），B2 の平均 2.125 が B3 の平均 4 よりも有意に小さかった（$t_{(22)}=3.826$, adjusted p=0.002）。

　以上の p 値の調整には Benjamini & Hochberg (1995) の方法を用いた。

[引用文献]
Benjamini, Y., & Hochberg (1995). Controlling the false discovery rate: A practical and powerful approach to multiple testing. Journal of the Royal Statistical Society Series B, 58, 289-300.
```
> 
```

ア 各群の○○得点を「各画像のアピール度」に置換します。

イ 主効果Aを「性別の主効果」に置換します。以下同様に，主効果Bは「ホームページ画像の主効果」，交互作用A×Bは「性別×ホームページ画像の交互作用」に置換します。

ウ B1は「山河の画像」に置換します。同様にB2は「講堂の画像」，B3は「学生の画像」に置換します。後続の2.25, 4, 2.125などの平均の数値は，再計算されたものですので掲載推奨です（省略も可）。

[図表一覧]

· **Table(tx0)** 必須。R出力『基本統計量』から作成（Table 9-2）。

· **Table(tx1)** 通常省略。分散分析表は卒業論文，修士論文なら掲載可。

· **Table(tx8)** 通常省略。Bartlett検定の確認が必要なときに掲載。

· **Figure ■** 基本統計量のFigureはTable 9-2を掲載するなら省略。プレゼン用には推奨。

以下は修正後のレポート例です。通常省略のTable, Figureは省いています。

▢ レポート例 09-1

新・ホームページの第1ページに用いる画像のアピール度について男女別の平均と標準偏差をTable 9-2に示す。

Table 9-2 男女別のホームページ画像のアピール度の平均と標準偏差（満点5）

	男　性			女　性		
	山河	講堂	学生	山河	講堂	学生
n	3	3	5	5	5	4
M	2.00	2.33	4.20	2.40	2.00	3.75
SD	1.00	1.53	0.84	1.14	0.71	1.26

注）SDは不偏分散の平方根。

2要因の参加者間分散分析（*TypeIII_SS* 使用）を行った結果，性別の主効果が有意でなく（$F_{(1,19)}=0.086$, $p=0.772$, $\eta_p^2=0.004$, $1-\beta=0.061$），ホームページ画像の主効果が有意であり（$F_{(2,19)}=7.949$, $p=0.003$, $\eta_p^2=0.456$, $1-\beta=0.972$），性別×ホームページ画像の交互作用が有意でなかった_{エ)}（$F_{(2,19)}=0.368$, $p=0.696$, $\eta_p^2=0.037$, $1-\beta=0.117$）。

　ホームページ画像の主効果の検出力（$1-\beta$）は十分である。

　参加者間の分散の均一性について Bartlett 検定を行った結果，有意でないことを確認した（$\underline{\chi^2(5)}_{オ)}=2.071$, $p=0.839$）。

　画像の主効果について，<u>プールド **SD** を用いた *t* 検定による多重比較</u>_{カ)}（*a*=0.05, 両側検定）を行った結果，「山河」の平均 2.25 が「学生」の平均 4.00 よりも有意に小さく（$t_{(22)}=3.571$, *adjusted p*=0.002），「講堂」の平均 2.13 が「学生」の平均 4.00 よりも有意に小さかった（$t_{(22)}=3.826$, *adjusted p*=0.002）。

　以上の *p* 値の調整には Benjamini & Hochberg (1995) の方法を用いた。

<hr>

結果の読み取り

　2要因の分散分析は，主効果2つと交互作用1つの計3つの効果を検定します。このうち交互作用の結果を真っ先に見に行きます。交互作用が有意なら，もはや主効果は見ません（有意であっても取り上げない）。交互作用が有意でなければ，そこで主効果を見ます。この**交互作用優先**の読み取り方が，2要因・3要因の分散分析の基本になります。

　本例は交互作用が有意でなかったので（$p = 0.696$），ホームページ画像の主効果を取り上げることができます（下線部**エ**）。

　その前に分析の前提を確認します。ここでは前提は，性別（2）×ホームページ画像（3）の全6群の分散（SD^2）の均一性，すなわち Table 9-2 の6群の **SD** が等しいことです（Bartlett 検定のχ^2値の自由度は $df = 6 - 1 = 5$ になる，下線部**オ**）。検定の結果，有意差は見いだされず，6群の分散は均一であると仮定することができます。これで今回の有意性に信頼が得られた

わけです。

　そこで，有意となったホームページ画像の主効果について，プールド **SD** を用いた **t** 検定を使って多重比較を行います（下線部**カ**）。多重比較の結果，「学生」の画像の平均 = 4.00 が最もアピール度が大きく，他の画像の平均を有意に上回ったことがわかりました。この「学生」の画像の平均 = 4.00 は，男性の平均 = 4.20 と女性の平均 = 3.75 から，新たに平均を再計算したものです。このように主効果が有意なときは，他の要因をつぶして平均を再計算し（ここでは男女 2 水準をつぶした），多重比較を行います。

　2 要因で分析しているのに他の要因をつぶしてよいのかというと，交互作用が有意でなかったから，よいのです。逆に，もし交互作用が有意であったら，男女別の 2 平均をまとめて 1 平均にすることは許されません。それはレポートの読み手に誤解を与えます。そのような交互作用が有意のケースは『応用問題』で扱います。

　なお，レポート例は「学生」の画像がアピール度が大きかったというよりも，「山河」「講堂」の画像がアピール度が低かったという文脈になっています。これを前者の趣旨に変えたいときは，次のように主語・述語を反転させてください。統計量の数値はまったくそのままで OK です。

［現］「山河」の平均 2.25 が「学生」の平均 4.00 よりも有意に小さく（$t(22)$=3.571, *adjusted p*=0.002），…

　　　↓

［改］「学生」の平均 4.00 が「山河」の平均 2.25 よりも有意に大きく（$t(22)$=3.571, *adjusted p*=0.002），…

　ネット広報が主流になった現代，ホームページの良し悪しは第 1 ページで決まると言われています。特に訪問者が第 1 ページだけを見て，後ろのページやリンク先に行かず，あたかもボールが壁に当たって跳ね返るように第 1 ページに当たってバウンドし離脱してしまうという割合を**バウンスレート**（離脱率，bounce rate）と呼びます。これが小さいほど良いホームページとされます。人間もホームページも第一印象が肝心です。

9.3 統計的概念・手法の解説：*TypeIII_SS*

● *TypeII_SS* と *TypeIII_SS*

　分散分析表における *SS*（偏差平方和）とは分散の別名であり，この *SS* がどんな値になるかが *F* 比の有意性にとって決定的である。この点，2 要因以上の参加者間デザインでは，各群の *n*（データ数）が等しくない場合，2 通りの *SS* の計算法がある。*TypeII_SS* は *n* のアンバランス（不揃い）に応じた重みづけを行うが，*TypeIII_SS* はそうした重みづけを行わない。js-STAR の分散分析プログラムでは，*TypeIII_SS* を標準として使用している。

　一般にも，*TypeIII_SS* がよく用いられている。本来，各群を等しいサイズで構成したが実際はそうならなかったという意味で，*n* のアンバランスを例外とみなすからである。それで問題はない（正確にはあまり問題視されていないというべきか）。ひどいアンバランスは分析以前の問題であるし，多少のアンバランスは *TypeII* と *TypeIII* でそれほどの違いは出ないという経験則である。しかしながら，*TypeII_SS* を要求されることがある。そのときは R オプションの［Type II _SS］を実行すると，当該 *SS* を得ることができる。

応用問題
交互作用の分析方法

　心理学専攻の学部生を対象に，統計分析学習の従来法と新規法を比較した。従来法は，統計的概念・手法に関する学習を行ってから，データ分析の実習を行ってレポートを提出させる方法である。これに対して新規法は，実習を先にしてレポートの作成を体験させてから，統計的概念・手法について学習させる方法である。従属変数は統計的概念・手法に関するペーパーテストの成績である。テストは前期・中期・後期の 3 回実施し，「非常に良い」「だいたい良い」「ふつう」「悪い」「非常に悪い」の 5 段階評定で成績をつけ，良い側から［5, 4, 3, 2, 1］と得点化した。全期間を通して Table 9-3 のようなデータを得た。従来法と新規法に違いがあるか，分析しなさい。

Table 9-3　統計分析学習の従来法と新規法の前期・中期・後期の成績（満点5）

群 (A)	参加者 (s)	学習期間（B）		
		前期	中期	後期
1	1	4	2	3
1	2	3	5	2
1	3	3	5	1
1	4	3	3	2
2	5	2	2	5
2	6	3	3	4
2	7	5	4	4
2	8	5	4	5
2	9	4	2	5
2	10	2	3	4

注) 群1＝従来法, 群2＝新規法

分析例

　Table 9-3の見出しを左から右へ読むとわかるように，この分散分析はAsBデザインです。すなわち混合計画（mixed design）となります。従来法・新規法という参加者間要因と，学習期間3水準の参加者内要因を組み合わせた計画で，新薬や新製品，新機軸の方法の効果を検証するときによく使われます。

　STAR画面左の【AsB（2要因混合）】をクリックし，水準数と参加者数の設定を行ってください。

　データ入力Ⅱ（大窓に貼り付ける）を用いて，Table 9-3の［前期，中期，後期］のデータ（3列）を貼り付けてください（『XR例題データ』にデータあり）。

　分散分析の実行結果として，交互作用が有意になった場合，『結果の書き方』に次のようなメッセージが出力されます。

> 　⇒ js-STAR の第二枠『交互作用 A × B が有意のときに…』を実行してください。
>

このメッセージに従って，STAR 画面の**第二枠のプログラムを実行**すると（【コピー】→ R 画面で右クリック→ペースト），交互作用を分析してくれます。

これで出力された『結果の書き方』を取得してください。それを適切に修正すると，以下のようなレポート例になります。

▮ レポート例 09-2

従来法・新規法の各学習法の各期間における成績段階について平均と標準偏差を Table 9-4 に示す。

Table 9-4　統計分析学習の従来法と新規法における各学習期間の成績段階の平均と標準偏差

	従来法 ($n = 4$)			新規法 ($n = 6$)		
	前期	中期	後期	前期	中期	後期
Mean	3.25	3.75	2.00	3.50	3.00	4.50
SD	0.50	1.50	0.82	1.38	0.89	0.55

注）成績段階は満点 5。*SD* は不偏分散の平方根。

学習法を参加者間，学習期間を参加者内に配置した 2 要因分散分析（***TypeIII_SS*** 使用）を行った結果，学習法が有意でなく（$F(1,8)=3.200$, $p=0.111$, $\eta_{\mathrm{p}}^2=0.286$, $1-\beta=0.857$），学習期間が有意でなく（$F(2,16)=0.048$, $p=0.952$, $\eta_{\mathrm{p}}^2=0.006$, $1-\beta=0.061$），<u>学習法×学習期間の交互作用が有意であった</u>キ）（$F(2,16)=6.449$, $p=0.008$, $\eta_{\mathrm{p}}^2=0.446$, $1-\beta=0.984$）。

交互作用の検出力（$1-\beta$）は十分である。なお検出力の値は水準間相関に正負が混在したため水準間の平均相関を 0 と仮定し算出した。

参加者間の分散の均一性について Bartlett 検定を行った結果，学習期間のいずれの水準においても有意でないことを確認した（$\chi^2(1)\mathrm{s}<2.581$, $p\mathrm{s}>0.108$）。

参加者内誤差について Mauchly の球面性検定を行った結果，有意でなかったことを確認した（***Mauchly's W***$=0.838$, $p=0.538$）。

有意性を示した学習法×学習期間の交互作用について単純主効果検定（*a*=0.15）を行った。その際，参加者間効果の検定には水準別誤差項，また参加者内効果の検定にはプールされた誤差項を用いた。

　その結果，<u>学習法の単純主効果は，学習後期において有意であった</u>ク）（*F*(1,8)=34.286, *adjusted p*=0.001, η_p^2=0.811）。したがって，後期において新規法の平均 4.50 が従来法の平均 2.00 よりも大きいことが見いだされた。

　一方，<u>学習期間の単純主効果は，従来法において有意であり</u>ケ）（*F*(2,16)=3.151, *adjusted p*=0.116, η_p^2=0.283），<u>また新規法において有意であった</u>コ）（*F*(2,16)=3.394, *adjusted p*=0.116, η_p^2=0.298）。

　対応のある *t* 検定を用いた多重比較（*a*=0.05，両側検定）を行った結果，従来法において，後期の平均 2.00 が前期の平均 3.25 よりも有意に小さく（*t*(3)=5.000, *adjusted p*=0.046），逆に，新規法において，後期の平均 4.50 が中期の平均 3.00 よりも有意に大きい傾向があった（*t*(5)=3.000, *adjusted p*=0.090）。

　以上の *p* 値の調整には Benjamini & Hochberg (1995) の方法を用いた。

結果の読み取り：交互作用の分析と Figure の整形

　交互作用が有意でした（下線部キ）。その場合，主効果Ａ・Ｂの検定結果の記述は省くことも可です（交互作用有意の１文だけで済みます）。また，交互作用が有意であったときは，Figure を掲載することを推奨します。ところが，R グラフィックスを見ると，グラフと凡例（記号の注釈）が重なっています（右図）。

　図の修正は自動化できませんので，手作業で修正してください。STAR 画面の**第一枠**において "#線グラフ" と書かれたプログラム部分を探し，次頁のように修正します。その後，R にコピペすれば修正された図が出力されます。

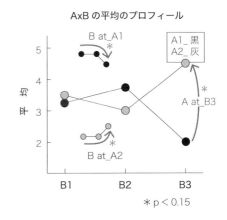

AxB の平均のプロフィール

＊p＜0.15

```
# 線グラフ
ptc= c(rep(21,8), rep(23,8) )
bgc= rep(c(1,8,7,6,5,4,3,2), 2 )
clN= rep(c("黒","灰","黄","紫","水","青","緑","赤"), 2 )
windows()
xjik= c(0.8, levB+0.2)
yjik= c(min(hk-sd), max(hk+sd) )
plot(1:levB, hk[1:levB],typ="n",bty="l",
  xli=xjik, yli=yjik,
  xlab="", ylab="平 均", xaxt="n",
  tck=0.03, las=1, # 目盛り突起
  main="A×Bの平均のプロフィール", cex.main=1.5,cex.lab=1.2)
axis(side=1,at=1:levB, labels=paste("B",1:levB,sep=""),cex.axis=1.2,tck=0.03,las=1 )
for( i in 1:levA ) lines(1:levB, hk[ ((i-1)*levB+1):(i*levB) ] )
bang= rep(1:levA, each=levB )
points(rep(1:levB,levA),hk,pc=ptc[bang],bg=bgc[bang],cex=3)
legend("topright", paste("A",1:levA,"_",clN[1:levA],sep=""),cex=1.2 )
# topleft,topright,center,bottomleft,bottomright


     ココを topleft に書き換えて
   上の「# 線グラフ」からここの行までを R 画面にコピペする
```

　前頁の『平均のプロフィール』を見ると（凡例が重なったままですが），
グラフの線が激しく交差していることがわかります。この×印のような交差
が交互作用の証拠です（表示されたグラフは交差していなくてもグラフの線
を延長すると交差するケースも含む）。

　交互作用が有意のときは主効果は取り上げません。代わりに単純主効果を
検定します。**単純主効果**（simple effect）とは，他の要因の1水準に限定し
た効果のことです。記号で表すと，**A at_B#**（単純主効果A←要因B水準 #
に限定した），及び，**B at_A#**（単純主効果B←要因A水準 # に限定した）
と書きます。

　こうして，**A at_B#**，**B at A#** に該当する平均同士を検定していきます。
検定結果は次のように，R 画面『A×Bの単純主効果検定』に出力されます。

```
> ##### ここから一次の交互作用の分析 #####
>
> tkAB # A x Bの単純主効果検定（α =0.15 推奨）
```

```
           SS  df     MS      F adjust_p   η p2
A at_B1  0.15   1  0.1500  0.1171  0.7410  0.0144
  s (1) 10.25   8  1.2812     NA      NA      NA
A at_B2  1.35   1  1.3500  1.0047  0.4319  0.1116
  s (2) 10.75   8  1.3437     NA      NA      NA
A at_B3 15.00   1 15.0000 34.2857  0.0019  0.8108
  s (3)  3.50   8  0.4375     NA      NA      NA
B at_A1  6.50   2  3.2500  3.1515  0.1169  0.2826
B at_A2  7.00   2  3.5000  3.3939  0.1169  0.2979
  s x B 16.50  16  1.0312     NA      NA      NA
>
```

この出力から，有意な単純主効果を読み取ります（a = 0.05 でなく **a = 0.15 で検定する**ことに注意！）。すると，下線を引いた3つの単純主効果が有意です（*adjusted p* s ＜ 0.15）。そこで，この3つの単純主効果が『A × B の平均のプロフィール』（前掲図）のどの部分に当たるのかを特定します（アスタリスク＊記入済みの3カ所）。そこが有意差ありの場所なのです。

『結果の書き方』では，この読み取りが自動化されています。まず，学習法の単純主効果が後期（**A at_B3**）で有意であり，新規法（◎）が従来法（●）の成績を大きく上回りました（下線部**ク**）。

一方，学習期間は従来法（**B at_A1**）で有意でした（下線部**ケ**）。これは前・中・後期で成績の激しい下降があったことを示しています。また，学習期間は新規法（**B at_A2**）でも有意であり，前・中・後期で成績の大きな上昇があったことを示しています（下線部**コ**）。

以下，多重比較によって前・中・後期のどこに急落，急伸の場所があったのかを特定します。結果として，やはり統計分析の従来法は，前期から後期において成績が落ち込んでしまいました。これに対して，レポートの書き方から遡って統計的概念・手法を学習するという新規法は，中期から後期において成績が上向くことが明らかになりました。架空のデータですが，従来法の結果については永年の授業経験からすると，どう藻掻いてもそうなってしまうようです，筆者の場合。

9.4 統計的概念・手法の解説2：
単純主効果検定の有意水準

通常の有意水準は $a = 0.05$ である。分散分析はその $a = 0.05$ で，主効果2つ，交互作用1つの計3回の検定を行っている。そこで，もともとは $a = 0.05 \times 3$ 検定 $= 0.15$ の有意水準に設定されているとみなすことができる。そこで，事後分析として単純主効果検定を行うとき，この主分析の $a = 0.15$ の設定をもって検定すべきであると考える。他の考え方もあるが，ロジックとして，また実用上どれが優るとも言えない。$a = 0.15$ としたことが明記されていればレポートとしては問題ない。

もし有意水準のレベルを変えなさいと要求されたら，R出力『A×Bの単純主効果検定』の **adjust_p** を見て，判定をやり直すしかない。その際，要求者に要求理由をきちんと説明していただくことも忘れずに。少なくとも単純主効果を，主分析と同じく無調整の p 値のまま $a = 0.05$ で検定することは問題が多い。

9.5 主効果と交互作用の有意傾向の取り扱い

主効果の有意性と，交互作用の有意性（すなわち単純主効果の有意性）を両方採用することは不可である。知見が矛盾してしまう。以下のように取り扱う。

＊主効果が有意 or 有意傾向，交互作用が有意⇒交互作用を採択する（必須）
＊主効果が有意 or 有意傾向，交互作用が有意傾向
　　　　　　　⇒主効果・交互作用の一方を無視して他方を採択する

特に下のケースでは，主効果の有意性が『結果の書き方』に自動的に記述されるので，交互作用のほうを採用するときは主効果の有意性の記述部分を削除する必要がある 重要 。あるいは主効果の有意（傾向）を採用するなら交互作用の有意傾向は採らないこと（分析しない）。いずれか生産的なほうをユーザーの判断で選択する。

10

3 要因分散分析

3要因の分散分析はさすがに複雑であり，異なる4種類のデザインがあります。データの構造を的確に見極めて，適切なデザインのメニューを選ぶことが重要です。**1人1行**の鉄則を守ってデータを入力すれば大丈夫です。XRが自動的に分析し結果を読み取ってくれます。

基本例題 **政策評価を行ってみよう**

新型感染症に対する行政の対策について評価アンケートを東京都区内と大阪市で実施した。回答は「非常に良い」「良い」「どちらとも言えない」「良くない」「非常に良くない」の5段階評定で，肯定側から [5, 4, 3, 2, 1] と得点化した。Table 10-1 はそのデータリストである。調査時期や支持政党により違いが見られるか，分析しなさい。

Table 10-1　新型感染症に対する行政の対策評価

調査時期 (A)	支持政党 (B)	東京・大阪 (C)	参加者 (s)	評定値
前期	与党支持	東京	$n = 3$	2,2,3
		大阪	$n = 3$	5,4,3
	野党支持	東京	$n = 3$	2,1,1
		大阪	$n = 4$	3,2,3,4
後期	与党支持	東京	$n = 3$	3,5,3
		大阪	$n = 4$	2,3,4,5
	野党支持	東京	$n = 4$	5,3,1,2
		大阪	$n = 4$	3,2,1,3

注）評定値は5段階，得点は肯定側から5～1。

10.1　データ入力

Table 10-1 のデータリストは**1人1行**になっていませんが，その鉄則を守っ

て入力した場合とデータ順序はまったく同じです。そこで，見出しを左から記号化して読むと，「A，B，C，s，評定値」になり，分散分析 ABCs を選べばよいことがわかります。

▶▶ データ入力：他ファイルからデータを貼り付ける

❶ STAR 画面左の【ABCs（3要因参加者間）】をクリック　→設定画面が表示されます。

❷ 水準数・参加者数を入力する　→データ枠が表示されます（各群の先頭と最後尾だけ）。

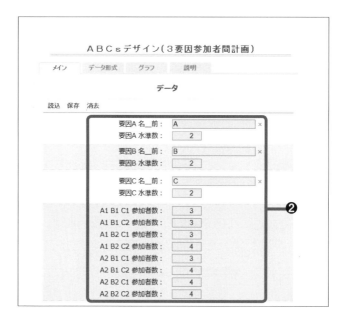

❸ 【代入】ボタンの下の大窓にデータを貼り付ける
　→『XR 例題データ』からデータを貼り付けてください。数値を修正するときは，大窓の中のデータを直接に書き直してください。

❹ 【代入】ボタンをクリック　→データ枠に数値が入ったことを確認します。

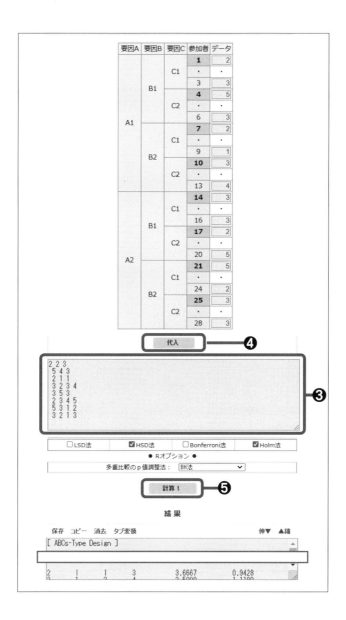

❺【計算！】ボタンをクリック　→ R プログラムが出力されます。

❻第一枠を【コピー】　→ R 画面で右クリック　→ペースト

❼出力された『結果の書き方』を文書ファイルにコピペし，修正を行い，レポートに仕上げます。

Rプログラム

10.2 『結果の書き方』の修正

　出力された文章の最後に，"⇒"付きのメッセージが表示されたら（下記の2種類が表示される），それに従った操作をしてください。

> 　⇒ js-STAR の第二枠『一次の交互作用が有意のときに…』を実行してください。
> 　⇒ js-STAR の第三枠『二次の交互作用が有意のときに…』を実行してください。

　これらは交互作用が有意であったときの追加処理です。

　この実行後に出力された『結果の書き方』を，正式なものとして取得してください。文章中の主効果Aを「調査時期の主効果」に置換したり，統計記号を整形したりすることは今までどおり行ってください。新出の修正要領として1点だけ，主分析の検定結果の書き方について述べます。

　『結果の書き方』では，**3要因分散分析における主分析の検定結果**は次のような長文になります。

```
> cat(txt) # 結果の書き方
　……
```

　ＡｘＢｘＣの3要因分散分析(Type Ⅲ _SS 使用)を行った結果 (Table(tx1) 参照)，主効果Aが有意でなく ($F_{(1, 20)}=0.787$, p=0.385, $\eta p2=0.038$, $1-\beta=0.17$)，主効果Bが有意であり ($F_{(1, 20)}=6.074$, p=0.022, $\eta p2=0.233$, $1-\beta=0.792$)，主効果Cが有意でなかった ($F_{(1, 20)}=2.488$, p=0.13, $\eta p2=0.111$, $1-\beta=0.427$)。また一次の交互作用については，ＡｘＢが有意でなく ($F_{(1, 20)}=0.01$, p=0.922, $\eta p2=0$, $1-\beta=0.051$)，ＡｘＣが有意であり ($F_{(1, 20)}=5.598$, p=0.028, $\eta p2=0.219$, $1-\beta=0.759$)，ＢｘＣが有意でなかった ($F_{(1, 20)}=0.039$, p=0.845, $\eta p2=0.002$, $1-\beta=0.056$)。二次の交互作用ＡｘＢｘＣは有意でなかった ($F_{(1, 20)}=0.039$, p=0.845, $\eta p2=0.002$, $1-\beta=0.056$)。

ここではユーザーの確認と利用のため，3要因分散分析で扱う7つの効果の
すべてについて検定結果を機械的に出力しています。一つひとつ確かめながら，
下のような方針で文章を削除し，短縮してください。

　①有意な効果だけを記述する
　②二次の交互作用については必ず有意か否かを記述する
　③最後に「その他の主効果，及び交互作用は有意でなかった」と記述する

　この方針に従うと，出力された文章は下のように短縮されます。マル数字は
上の方針①〜③に相当します。

> 　3要因の参加者間分散分析（TypeⅢ_SS使用）を行った結果，①主効果
> Bが有意であり（$F(1,20)=6.074$，$p=0.022$，$\eta p2=0.233$，$1-\beta=0.792$），
> また一次の交互作用A×Cが有意であった（$F(1,20)=5.598$，$p=0.028$，
> $\eta p2=0.219$，$1-\beta=0.759$）。②二次の交互作用A×B×Cは有意でなかっ
> た（$F(1,20)=0.039$，$p=0.845$，$\eta p2=0.002$，$1-\beta=0.056$）。③その他の主
> 効果，及び交互作用は有意でなかった。

　他の3要因のデザインでも，そのように最初の検定結果の記述は短縮するよ
うにしてください。
　それ以下の『結果の書き方』をいつものように修正すると，次のようなレポー
トになります。

▢ レポート例 10-1

> 　当年前期・後期の新型感染症に関係した政策評価（5段階評定）について地
> 域別の平均と標準偏差をTable 10-2に示す。

Table 10-2　新型感染症の政策に対する当年前期・後期の東京・大阪における評定得点の平均と標準偏差

	当年前期				当年後期			
	与党支持		野党支持		与党支持		野党支持	
	東京	大阪	東京	大阪	東京	大阪	東京	大阪
N	3	3	3	4	3	4	4	4
Mean	2.33	4.00	1.33	3.00	3.67	3.50	2.75	2.25
SD	0.58	1.00	0.58	0.82	1.15	1.29	1.71	0.96

注）評定得点は5段階で肯定側から5〜1と得点化した。
　　SD は不偏分散の平方根。

3要因の参加者間分散分析（**TypeIII_SS** 使用）を行った結果，<u>支持政党の主効果が有意であり</u>ア）（$F(1, 20) =6.074$, $p =0.022$, $\eta_\mathrm{p}^2 =0.233$, $1 - \beta=0.792$），また前後期×東京・大阪の交互作用が有意であった（$F(1, 20) =5.598$, $p =0.028$, $\eta_\mathrm{p}^2 =0.219$, $1 - \beta=0.759$）。二次の交互作用は有意でなかった（$F(1, 20) =0.039$, $p =0.845$, $\eta_\mathrm{p}^2 =0.002$, $1 - \beta=0.056$）。その他の主効果，及び交互作用も有意でなかった。

支持政党の主効果の検出力（$1-\beta$）はほぼ十分といえる。前後期×東京・大阪の交互作用の検出力もやや低いが 0.70 以上あり不十分ではない。

分散の均一性について Bartlett 検定の結果が有意でなかったことを確認した（$\chi^2(7) =3.988$, $p =0.781$）。

<u>有意性を示した支持政党の主効果について，与党支持者の平均が野党支持者の平均よりも有意に大きいことが見いだされた。</u>イ）

前後期×東京・大阪の交互作用について平均のプロフィールを Fig.10-1 に示した。単純主効果検定（$a=0.15$）の結果，<u>前後期の単純主効果は，東京において有意であった</u>ウ）（$F(1,20)=4.939$, **adjusted** $p=0.075$, $\eta_\mathrm{p}^2=0.198$）。したがって，東京において当年前期の平均が後期の平均よりも有意に小さいことが見いだされた。

一方，<u>東京・大阪の単純主効果は，当年前期において有意であった</u>エ）（$F(1,20)=7.256$, **adjusted** $p=0.055$, $\eta_\mathrm{p}^2=0.266$）。したがって，前期において東京の平均が大阪の平均よりも有意に小さいことが見いだされた。

以上の p 値の調整には Benjamini & Hochberg(1995) の方法を用いた。

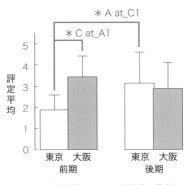

（注）縦線の SD は不偏分散の平方根。

Fig. 10-1　当年前後期の都市別評定

結果の読み取り

　2 要因のとき結果の読み取りは**交互作用優先**と述べました。一般的にいえば「高次作用優先」ということです。高次・低次は"×"の数です。3 要因ではA×B×Cが二次で最も高次です。そこで真っ先に，二次の交互作用が有意かどうかを見に行きます。もし二次の交互作用が有意なら，二次より低い一次の交互作用とゼロ次の主効果（×がない）は，すべてもはや見ないということです。

　本例では，二次の交互作用が有意でなかったので，一次のA×C（前後期×東京・大阪）を取り上げることができます。A×Cが有意なので，これより次数の低いゼロ次の主効果AとCはもはや見ません。あと"生き残っている"のはゼロ次の主効果B（支持政党）です。これは見ることができるので，検定結果を記述しておきます（下線部**ア**）。よく生き残ったBは有意でした。こうして結局，知見となるのは，交互作用A×C（前後期×東京・大阪）と主効果B（支持政党）ということになります。

　支持政党の主効果は 2 水準なので，そのまま与党支持者が野党支持者よりも評定平均が大きいと解釈します（下線部**イ**）。主効果Bは 2 水準なので多重比較の必要がないのです。また，この有意差は他要因の影響を受けない独

立の主効果として主張できます。

　一方，A×C，すなわち前後期×東京・大阪の交互作用については，引き続き単純主効果検定が必要です。まず最初に，前後期（A）の単純主効果を東京・大阪（C）の水準別に検定します（**A at_C#**）。すると，前後期の単純主効果は東京（**A at_C1**）で有意でした（下線部**ウ**）。東京の前期評定が後期評定より有意に低かったということです（Fig.10-1の **A at C1** 参照）。前後期の単純主効果は大阪（**A at_C2**）では有意でなく変化しませんでした。有意でないケースは，『結果の書き方』には出力されませんが，「前後期の単純主効果は大阪において有意でなかった」と加筆することもユーザーが強調したい知見として意味があるでしょう。

　次に，今度は東京・大阪の単純主効果を前後期の水準別に検定します。すると，東京・大阪が前期（**C at_A1**）で有意でした（下線部**エ**）。東京の評定が大阪より前期では低かったということです（Fig.10-1の **C at_A1** 参照）。

　まとめると，当年前期では東西によって何らかの行政の対策に違いが生じていましたが（前期の評価は東京＜大阪），後期ではそれが解消されて首都圏も政策評価が回復してきたようです（後期の評価は東京≒大阪）。当局の政策転換が功を奏したことが示唆されます。　※もちろん架空のデータです。

　一次の交互作用が有意のときは，Figure の掲載が推奨されます。R グラフィックスに交互作用の図が出力されますので，それをもとに Fig.10-1 のように作成してください。交互作用はグラフの交差を意味します。したがってその"交差"を見せる Figure のほうが断然アピールします。

応用問題

二次の交互作用を分析する

　次期首相を目指す山田候補と海江候補について，各候補の力量性・評価性・活動性の観点から評価アンケートを実施した。各観点は評定項目2個ずつで構成し，力量性は［強い - 弱い］［広い - 狭い］，評価性は［明るい - 暗い］［温かい - 冷たい］，活動性は［速い - 遅い］［激しい - 穏やか］を用いた。［強い - 弱い］を例にとると次のような評定尺度で回答を求めた。

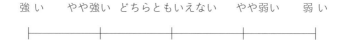

強い　　やや強い　どちらともいえない　　やや弱い　　弱い

得点化は左側から［5，4，3，2，1］とし，1観点につき2項目の得点を合計して各観点の得点とした（得点範囲2～10）。Table 10-3のデータリストにおいて山田候補と海江候補の評定得点にどんな違いがあるだろうか，分析しなさい。

Table 10-3　男性・女性における2候補の観点別評定得点

性別 (A)	参加者 (s)	候補（B）観点（C）	山田候補			海江候補		
			力量	評価	活動	力量	評価	活動
1	1		8	4	5	3	5	7
1	2		9	3	4	4	4	5
1	3		9	4	3	4	5	3
2	4		6	6	7	6	9	4
2	5		4	7	4	7	7	5
2	6		4	6	5	7	6	3
2	7		5	2	3	4	9	6

注）性別1＝男性，2＝女性。得点は各観点2尺度の合計値。

分析例

　参加者1人が，山田・海江の2候補を3つの観点で評定します。したがって1人6個のデータを与えます。これを**1人1行の鉄則**で入力すると，Table 10-3のように見出しが分散分析のデザインを教えてくれます。すなわち，分散分析 AsBC を用いればよいわけです。複数の参加者内要因（B・C）が階層的に配置されるときの形式を覚えておきましょう。

　分散分析 AsBC を実行します。まず要因Aは性別2水準で，男性＝3人，女性＝4人。それぞれ人数を入力します［3, 4］。

　次は参加者内要因で，要因Bは首相候補2水準，要因Cは人材評価の観点3水準です。そう設定します。データは『XR例題データ』にありますので，

それを STAR 画面の大窓に貼り付けてください（その後【代入】→【計算！】）。

第一枠のプログラムの実行後，本例は，**二次の交互作用が有意**になります。出力された『結果の書き方』の"⇒"のメッセージに従って，第三枠（第二枠ではない）のプログラムを追加実行してください。

膨大な『結果の書き方』が出力されます。ユーザーによる確認と種々の利用に応じるため大量の出力となっています。レポート作成は，ユーザー自身の研究目的に合わせて，主張したい結果を選び取っていくという選択的修正になります。

10.3　二次の交互作用の『結果の書き方』の修正

以下，修正要領の一例を示します。この例のほかにも，もっと違う趣旨のレポート作成も可能です。ここでは山田・海江の両候補の違い（すなわち要因B）に関係した結果に焦点を当てることにします。そのような方針で，出力された『結果の書き方』を選択的に修正することにします。出力全体を小分けに①〜⑤に分けますが，この分け方がそのまま二次の交互作用の分析手順です。

①主分析の検定結果

3 要因分散分析の 7 つの効果のうち，二次の交互作用の検定部分（下線部）だけを残します。あとは盛大に削除します。

　　<u>各群の各水準の〇〇得点について基本統計量を Table(tx0) に示す。</u>

　　<u>要因Aを参加者間，要因B・Cを参加者内に配置した 3 要因分散分析（Type Ⅲ _SS 使用）を行った結果（Table(tx1) 参照）</u>，主効果Aが有意でなく（$F_{(1,5)}=1.742$, $p=0.244$, $\eta p2=0.258$, $1-\beta=0.586$），主効果Bが有意でなく（$F_{(1,5)}=0.042$, $p=0.845$, $\eta p2=0.008$, $1-\beta=0.063$），主効果Cが有意であった（$F_{(2,10)}=4.171$, $p=0.048$, $\eta p2=0.455$, $1-\beta=0.901$）。また一次の交互作用については，A×Bが有意であり（$F_{(1,5)}=7.101$, $p=0.044$, $\eta p2=0.587$, $1-\beta=0.983$），A×Cが有意で

あり（F(2,10)=7.19, p=0.011, ηp2=0.59, 1−β=0.991）, ＢｘＣが有意であった（F(2,10)=4.292, p=0.045, ηp2=0.462, 1−β=0.91）。ただし, 二次の交互作用ＡｘＢｘＣが有意であった（F(2,10)=4.613, p=0.038, ηp2=0.48, 1−β=0.929）。

主効果Ｃの検出力（1−β）は十分である。ＡｘＢの検出力も十分である。ＡｘＣの検出力も十分である。ＢｘＣの検出力も十分である。二次の交互作用ＡｘＢｘＣの検出力も十分である。なお検出力の値は水準間の相関係数に正負が混在している場合は平均相関を0と仮定し, それ以外はFisherの重み付きＺ変換値による平均相関を用いて算出した。

②前提の確認

分散分析の前提である分散の均一性または球面性について, 二次の交互作用に関係する記述（下線部）だけを残します。

参加者間要因の分散の均一性についてBartlett検定を行った結果（Table(tx8)参照）, 要因Ｂ・Ｃのいずれの水準においても有意でないことを確認した（χ2(1)s<2.518, ps>0.112）。

有意性を示した自由度2以上の効果についてMauchlyの球面性検定を行った結果（Table(tx9)参照）, 主効果Ｃについては有意でなかったことを確認した（Mauchly's W=0.6, p=0.36）。ＡｘＣについても有意でなかったことを確認した（Mauchly's W=0.6, p=0.36）。ＢｘＣについても有意でなかったことを確認した（Mauchly's W=0.62, p=0.384）。二次の交互作用ＡｘＢｘＣについても有意でなかったことを確認した（Mauchly's W=0.62, p=0.384）。

③単純交互作用の検定結果

単純交互作用（simple interaction）とは1つの水準に限定された一次の交互作用のことで, **AxB at C#, AxC at_B#, BxC at_A#** の3種類あります。たとえば, Ａ×ＢがＣのどの水準においても同じ"交差"の形をしているなら, 二次の交互作用は有意になりません。異なる水準で異なる"交差"の形を

しているので，二次の交互作用が有意になってしまうわけです。それを確かめるのが単純交互作用の検定です。二次の交互作用の根拠となる重要な検定です。単純交互作用は3要因の水準数の合計だけあります（本例は7個）。もし，そのすべてが有意でないとなると二次の交互作用の根拠がなくなります。主分析でいくら有意であっても分析は停止します（参考知見になるが特定の2平均を選んでt検定することは可能）。本例は7つのうち，4つの単純交互作用が有意になりましたので，二次の交互作用の出方に矛盾はありません。下線は引きませんが，全文を採用してください。

> 　　二次の交互作用を分析するため単純交互作用検定（α=0.20）を行った（Table(tx5)参照）。その結果，C1におけるA x Bが有意であり（F(1,5)=19.695, adjusted p=0.023, ηp2=0.798），またB1におけるA x Cが有意であり（F(2,10)=12.241, adjusted p=0.014, ηp2=0.71），B2におけるA x Cが有意であり（F(2,10)=4.976, adjusted p=0.055, ηp2=0.499），A1におけるB x Cが有意であった（F(2,10)=6.729, adjusted p=0.032, ηp2=0.574）。

④単純・単純主効果の検定結果

　単純・単純主効果（simple-simple main effect）とは，単純交互作用下の単純主効果という"下の下"のような意味です。最も取り上げたい要因を要因B（首相候補）と決めていますので，「B#における□×□…」という出だしで始まる段落だけを選びます。すなわち「山田候補における□×□」と「海江候補における□×□」で始まる記述です。以下のR出力（長文）の下線部の段落だけを残します。それ以外は削除します。

> 　　以下，有意な単純交互作用についてさらに単純・単純主効果検定（α=0.35）を行った（Table(tx7)参照）。
> 　　C1におけるA x Bについては，単純・単純主効果AがB1で有意であり（F(1,5)=38.484, MSE=0.683, adjusted p=0.012），A1の平均8.667がA2

の平均4.75よりも大きかった。また単純・単純主効果AがB2でも有意であり（F(1,5)=7, MSE=1.333, adjusted p=0.104），A1の平均3.667がA2の平均6よりも小さかった。一方，単純・単純主効果BがA1で有意であり（F(1,5)=22.059, MSE=1.7, adjusted p=0.026），B1の平均8.667がB2の平均3.667よりも大きかった。

<u>B1におけるA x Cについては，単純・単純主効果AがC1で有意であり（F(1,5)=38.484, MSE=0.683, adjusted p=0.012），A1の平均8.667がA2の平均4.75よりも大きかった。一方，単純・単純主効果CがA1で有意であった（F(2,10)=19.052, MSE=1.231, adjusted p=0.006）。</u>

<u>B2におけるA x Cについては，単純・単純主効果AがC1で有意であり（F(1,5)=7, MSE=1.333, adjusted p=0.104），A1の平均3.667がA2の平均6よりも小さかった。また単純・単純主効果AがC2でも有意であり（F(1,5)=10.987, MSE=1.483, adjusted p=0.067），A1の平均4.667がA2の平均7.75よりも小さかった。一方，単純・単純主効果CがA2で有意であった（F(2,10)=8.601, MSE=1.231, adjusted p=0.026）。</u>

A1におけるB x Cについては，単純・単純主効果BがC1で有意であり（F(1,5)=22.059, MSE=1.7, adjusted p=0.026），B1の平均8.667がB2の平均3.667よりも大きかった。一方，単純・単純主効果CがB1で有意であった（F(2,10)=19.052, MSE=1.231, adjusted p=0.006）。

⑤単純・単純主効果の多重比較

最も関心がある要因Bの水準（**B1**＝山田候補，**B2**＝海江候補）の検定部分を採用します。本例では，下の2つの文の両方に下線部のようにB1，B2を含む語句が見られますので，全2文を採用します。

有意性を示した3水準以上の単純・単純主効果について対応のあるt検定による多重比較（α=0.05，両側検定）を行った結果，A1・<u>B1において</u>C1の平均8.667がC2の平均3.667よりも有意に大きく（t(2)=8.66, adjusted p=0.039），またC1の平均8.667がC3の平均4よりも有意に大きい傾向があった（t(2)=5.292, adjusted p=0.05）。A2・<u>B2において</u>

C2 の平均 7.75 が C3 の平均 4.5 よりも有意に大きかった（t(3)=5.166,
adjusted p=0.042）。

　以上の取捨選択の結果，要因B「首相候補」を中心にしたレポートを以下の
例のように作成します。

■ レポート例 10-2

　各候補者に対する男女の観点別評定得点の平均と標準偏差を Table 10-4
及び Fig.10-2 に示す。

Table 10-4　首相候補者に対する観点別評定得点（範囲 2-10）

評価の観点 ＼		山田候補			海江候補		
		力量	評価	活動	力量	評価	活動
男性 (n = 3)	Mean	8.67	3.67	4.00	3.67	4.67	5.00
	SD	0.58	0.58	1.00	0.58	0.58	2.00
女性 (n = 4)	Mean	4.75	5.25	4.75	6.00	7.75	4.50
	SD	0.95	2.22	1.71	1.41	1.50	1.29

注）観点別の得点は以下の尺度対の左側の印象の強さを表す。
　　力量：強い - 弱い，広い - 狭い
　　評価：明るい - 暗い，温かい - 冷たい
　　活動：速い - 遅い，動的 - 静的

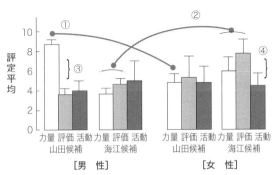

Fig.10-2　各候補者に対する男女の観点別評定平均と標準偏差

性別（A）を参加者間，首相候補（B）・評価観点（C）を参加者内に配置した 3 要因分散分析（**TypeIII_SS** 使用）を行った結果，二次の交互作用 A × B × C が有意であった（$F(2,10)=4.613$, $p=0.038$, $\eta_\mathrm{p}^2=0.480$, $1-\beta=0.929$）。検出力は十分である。

　参加者間要因の分散の均一性について Bartlett 検定を行った結果，首相候補・評価観点のいずれの水準においても有意でないことを確認した（$\chi^2(1)$ s<2.518, p s>0.112）。

　Mauchly の球面性検定を行った結果，二次の交互作用について有意でなかったことを確認した（**Mauchly's W**$=0.620$, $p=0.384$）。

　二次の交互作用を分析するため単純交互作用検定（$a=0.20$）を行った。その結果，評価観点「力量性」における性別×首相候補の交互作用が有意であり（$F(1,5)=19.695$, **adjusted** $p=0.023$, $\eta_\mathrm{p}^2=0.798$），また山田候補における性別×評価観点の交互作用が有意であり（$F(2,10)=12.241$, **adjusted** $p=0.014$, $\eta_\mathrm{p}^2=0.710$），海江候補における性別×評価観点の交互作用が有意であり（$F(2,10)=4.976$, **adjusted** $p=0.055$, $\eta_\mathrm{p}^2=0.499$），男性における首相候補×評価観点が有意であった（$F(2,10)=6.729$, **adjusted** $p=0.032$, $\eta_\mathrm{p}^2=0.574$）。

　さらに単純・単純主効果検定（$a=0.35$）を行った結果，山田候補における性別×評価観点の交互作用については，性別の単純・単純主効果が「力量性」で有意であり（$F(1,5)=38.484$, **MSE**$=0.683$, **adjusted** $p=0.012$），男性の平均 8.67 が女性の平均 4.75 よりも大きかった①。※マル数字は Fig. 10-2 における有意差の場所を示す。

　一方，評価観点の単純・単純主効果が男性で有意であった（$F(2,10)=19.052$, **MSE**$=1.231$, **adjusted** $p=0.006$）。

　海江候補における性別×評価観点の交互作用については，性別の単純・単純主効果が「力量性」で有意であり（$F(1,5)=7.000$, **MSE**$=1.333$, **adjusted** $p=0.104$），男性の平均 3.67 が女性の平均 6.00 よりも小さかった。また性別の単純・単純主効果が「評価性」でも有意であり（$F(1,5)=10.987$, **MSE**$=1.483$, **adjusted** $p=0.067$），男性の平均 4.67 が女性の平均 7.75 よりも

小さかった②。

　一方，評価観点の単純・単純主効果が女性で有意であった $(F(2,10)=8.601,$ $MSE=1.231,$ $adjusted$ $p=0.026)$。

　有意性を示した 3 水準以上の単純・単純主効果について対応のある t 検定による多重比較 $(a=0.05,$ 両側検定) を行った結果，男性において山田候補の「力量性」の平均 8.67 が「評価性」の平均 3.67 よりも有意に大きく $(t(2)=8.66,$ $adjusted$ $p=0.039)$，また「活動性」の平均 4.00 よりも有意に大きい傾向があった $(t(2)=5.292,$ $adjusted$ $p=0.05)$ ③。女性においては海江候補の「評価性」の平均 7.75 が「活動性」の平均 4.50 よりも有意に大きかった $(t(3)=5.166,$ $adjusted$ $p=0.042)$ ④。

　以上の p 値の調整には Benjamini & Hochberg (1995) の方法を用いた。

結果の読み取り：二次の交互作用の解釈

　二次の交互作用は，1 個か 2 個の突出した平均（あるいは急落した平均）が存在することを示しています。その他の平均とは違った特異な動きになるため，平均のプロフィール全体に不規則な尖りや凹みを生じます。Fig.10-2 を見ると，男性の山田候補の「力量性」のバー（1 番左）が突出していることがわかりますし，それとは別に，女性の海江候補の「評価性」のバー（右から 2 番め）も急激な伸びを見せ，他の平均と異なる印象を与えます。

　この特異な点を，二次の交差から一次の交差へ，一次の交差からゼロ次の直線的距離へと次数を落としながら分解し，大元になっている 2 平均の有意差を突き止めることが二次の交互作用の分析になります。レポート例に示した①～④の有意差が，その大元の 2 平均の有意差です。Fig.10-2 にも有意差を生じた場所を①～④で示しましたので，対応づけて理解してください。

　山田候補は男性からその力量性（強さ，広さ）を高く評価され，これに対して，海江候補は女性から評価性（明るさ，温かさ）を高く評価されていることが明らかになりました。好対照の人材といえます。二次の交互作用は，そうした個性的な，他の平均から逸脱した特異な観測値があることを示唆するのです。「人間は交互作用する生き物だ」とはよく言ったものです。

10.4　SD 法の研究の勧め

本例の「強い − 弱い」「明るい − 暗い」のような形容詞対を用いた評定法を **SD 法**（semantic differential method，意味微分法）という。行動主義心理学者，Osgood（オズグッド，C. E.）の発案によるものであり，彼自身，実用的に政治家の人材評価に適用した研究を行っていた。

多くの形容詞対を用いて意識や印象（特に情緒成分）をスライスしていくというイメージである（微分は比喩的表現）。国際的な調査・分析結果から，欧米語圏を中心に多くの言語の形容詞語彙は 3 次元に大別されることが見いだされている。それが力量性（potency），評価性（evaluation），活動性（activity）である。次元間に階層性があるとか，4 つめの次元があるとか，そんな高邁なトピックに引かれていくのも悪くはないが，SD 評定という行為自体が人間の認知活動に有益な効果をもつのではないかと長い間ずっと気になっている。

形容詞対（p.148 のような）を並べたペーパーを配って，○を付けさせるというだけの簡単な方法である。それが意識や印象を測定するというより，むしろ効果的な学習手段，発想手段として意外に有力なのではないかと思っている。証拠がないわけではない。筆者の大学ゼミの卒論・修論研究では，小学生の説明文の理解に及ぼす SD 評定の効果（一度読んで SD 評定を実施し再読すると理解が深まる）と大学生におけるアイディア創出に及ぼす SD 評定の効果（レンガを「騒々しい − 静かだ」等の評定を行ってから用途を考えるとレンガを楽器にするという発想が生まれる）など一定程度の効果が見いだされた。いずれも分散分析による仮説検証である。しかしながら分析結果の読み取りから解釈，論文の執筆までの過程で繰り返された"興味外"の徒労と消耗が彼女と彼の気力と時間を枯渇させたようだ。もし当時 js-STAR_XR があれば，目に見えて筆者の指導力が衰えたとしてもたぶん…彼らは自力で第 2 実験に動機づけられたであろうと，つくづく逃がした大魚のように思う。

PART 3
多変量解析法

相関係数の計算と検定

これまでは度数の差，平均の差を扱ってきました。本章からは，2群や2水準の間に差があるかどうかではなく，2変数の間に相関があるかどうかを分析します。**相関**（correlation）とは，2変数の値の規則的な増減関係のことです（一方の変数が増えると他方の変数も増えるというような）。

基本例題 気温とアイスクリーム，ホットコーヒーの売り上げは相関するか

コンビニエンス・ストアの夏期営業日の20日間を対象に，当日の最高気温と，アイスクリームの売上額，ホットコーヒー（アイスコーヒーを除く）の売上額を調べた。Table 11-1はそのデータリストである。気温と売上額との間に関係があるといえるか，相関係数を計算して判定しなさい。

Table 11-1　夏期の最高気温とアイスクリーム，ホットコーヒーの売上高

最高気温 (℃)	売上額（単位千円）	
	IC	HC
25	9	12
24	9	9
22	6	12
26	10	8
32	7	11
28	11	10
34	14	8
22	8	10
16	9	10
19	7	10
26	8	10
27	8	8
26	10	8
33	11	9
29	8	14
35	11	9
31	10	11
28	10	9
27	10	9
28	12	10

注）IC はアイスクリーム，
　　HC はホットコーヒー。

11.1 データ入力

2変数の相関を表す統計量を**相関係数**（correlation coefficient）といいます。例題は3変数ありますが，何変数あっても2変数ずつペアにして相関係数を求めます。そのメニューがSTARの【相関係数の計算と検定】です。

▶▶▶データ入力：他ファイルからデータを貼り付ける

❶STAR画面左の【相関係数の計算と検定】をクリック

　→『データ行列（参加者×変数)』のページが表示されます。

　データ行列とは，参加者を行，変数を列に配置したデータリストのことです。Table 11-1は20行×3列のデータ行列になっています。1人1行の鉄則でデータ入力すると，自然に参加者×変数のデータ行列になります。

　分散分析のsAデザインと同じデータ形式です。

❷大枠に『XR例題データ』からデータ行列を貼り付ける

　→データ区切りはスペース，カンマ，TabのどれもOKです。ただし全角はダメです。エラーになります。

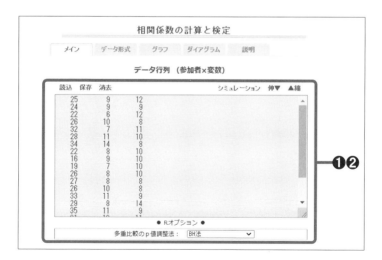

❸【計算！】ボタンをクリック　→『手順1』～『手順3』の枠にRプログラムが出力されます。

　オプション［クリップボード読込］はそのままにしておきます。

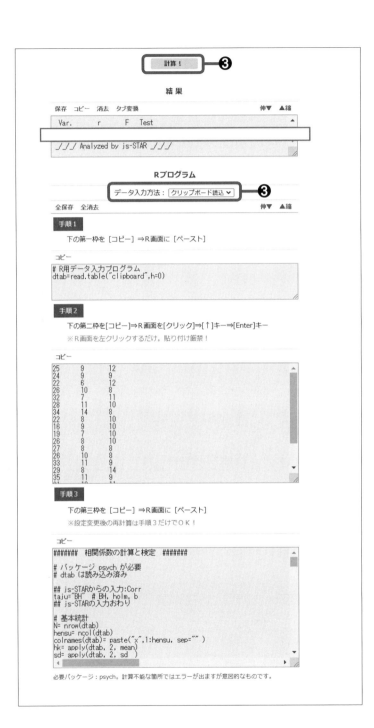

計算！ ❸

結 果

保存　コピー　消去　タブ変換　　　　　　　　　　　伸▼　▲縮

Var.　　r　　F　Test

_/_/_/ Analyzed by js-STAR _/_/_/

Rプログラム

データ入力方法：クリップボード読込 ❸

全保存　全消去　　　　　　　　　　　　　　　　　伸▼　▲縮

手順1

下の第一枠を［コピー］⇒R画面に［ペースト］

コピー

```
# R用データ入力プログラム
dtab=read.table("clipboard",h=0)
```

手順2

下の第二枠を［コピー］⇒R画面を［クリック］⇒［↑］キー⇒［Enter］キー

※R画面を左クリックするだけ。貼り付け厳禁！

コピー

```
25      9       12
24      9       9
22      6       12
26      10      8
32      7       11
28      11      10
34      14      8
22      8       10
16      9       10
19      7       10
26      8       10
27      8       8
26      10      8
33      11      9
29      8       14
35      11      9
01      10      11
```

手順3

下の第三枠を［コピー］⇒R画面に［ペースト］

※設定変更後の再計算は手順3だけでOK！

コピー

```
#######  相関係数の計算と検定  #######

# パッケージ psych が必要
# dtab は読み込み済み

## js-STARからの入力:Corr
taju="BH"   # BH, holm, b
## js-STARの入力おわり

# 基本統計
N= nrow(dtab)
hensu= ncol(dtab)
colnames(dtab)= paste("x",1:hensu, sep="" )
hk= apply(dtab, 2, mean)
sd= apply(dtab, 2, sd  )
```

必要パッケージ：psych。計算不能な箇所ではエラーが出ますが意図的なものです。

[クリップボード読込]がうまくいかないときは[画面貼り付け]を選んでください（特に Mac ユーザーは）。

　[クリップボード読込]から[画面貼り付け]に変更したら，変更後にもう一度【計算！】ボタンをクリックしてください。出力された『手順1』と『手順2』のプログラムをR画面にコピペしていけば OK です。ただし[画面貼り付け]はデータが多いとそれだけ時間がかかります。

　以下は，[クリップボード読込]の手順です。実用上はこちらが速いです。数千個のデータも一瞬で読み込みます。

❹ 『手順1』の【コピー】をクリック
　→何も起こりませんがプログラムがコピーされます。

❺ R 画面で右クリック　→ペースト
　→ R 画面に dtab=read.table…が貼り付けられます。

❻ STAR 画面に戻り，『手順2』の【コピー】をクリック

　→これも変化なしですが，枠内のデータがコピーされています。

❼ R 画面をクリック　→ キーボードの【↑】　→【Enter】を押す

　→ R 画面のクリックは，R をアクティブにするだけです。ペースト厳禁です。

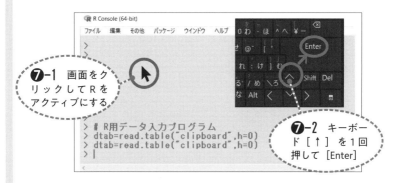

❽ 『手順3』の【コピー】をクリック　→ R 画面で右クリック　→ペースト

　→計算が始まり，分析結果が出力されます。『結果の書き方』を文書ファイルにコピペし，修正を行い，レポートに仕上げます。

11.2 『結果の書き方』の修正

　下のような文章が出力されます。下線部**ア**または**イ**の Table を作るだけでレポートになります。

```
> cat(txt) # 結果の書き方
　各変数の基本統計量を Table(tx1) ₍ア₎ に示す。
　Pearson の積率相関係数を計算した結果 （Table(Pea) ₍イ₎ 参照）, 以下の
変数間に有意な相関が見いだされた （両側検定, df=18）（付記の ad.p は
多数回検定の調整後 p 値）。

　変数 1 × 変数 2　r=0.551　(t=2.805, p=0.011, ad.p=0.035)
　変数 2 × 変数 3　r=-0.491　(t=2.393, p=0.027, ad.p=0.041)


　なお, 順位相関係数を計算した結果 ₍ウ₎ （全体の相関行列はオプション参
照）, 次の変数間において有意であった （両側検定）（付記の rho, tau
の値はそれぞれ Spearman, Kendall の順位相関係数を表す）。

　変数 1 × 変数 2　rho=0.571　(p=0.008), tau=0.459　(p=0.007)
　変数 2 × 変数 3　rho=-0.487　(p=0.029), tau=-0.383　(p=0.035)


　Pearson の積率相関が有意でなく順位相関が有意であったケースは見ら
れなかった。₍エ₎ いずれの相関も曲線的ではなく直線的であると見られる。
　以上の多数回検定の p 値の調整には Benjamini & Hochberg (1995) の方
法を用いた。

[引用文献]
Benjamini, Y., & Hochberg (1995). Controlling the false discovery
rate: A practical and powerful approach to multiple testing.
Journal of the Royal Statistical Society Series B, 58, 289-300.
```

ア 掲載必須。R出力『基本統計量』から Table 11-2 を作成します。相関分析と多変量解析に Figure は不向きです。

Table 11-2　各変数の基本統計量（N = 20）

	Mean	*SD*	*min*	*max*
変数 1	26.90	4.85	16	35
変数 2	9.40	1.90	6	14
変数 3	9.85	1.57	8	14

注）各変数の名称は以下のとおり。
　　変数 1　最高気温（℃）
　　変数 2　アイスクリームの売上額（千円）
　　変数 3　ホットコーヒーの売上額（千円）

イ 掲載推奨。相関係数を一覧にした表を**相関行列**といいます（Table 11-3）。R出力『相関行列』と『相関係数の有意性検定』または『調整後 p 値』から作成してください。本文で相関係数を示す予定なら省略可です。

Table 11-3　相関行列

	変数 2	変数 3
変数 1	0.551*	-0.134
変数 2	--	-0.491*

* *adjusted p* <.05（両側確率）

　以上，修正は Table の作成だけです。レポート例は省略します。下線部**ウ**以降に，順位相関が出てきますが，これ以降は次項『統計的概念・手法の解説』を参照してください。

　「変数1」「変数2」を具体的な名称に置換してもよいですが，「変数1」「変数2」のまま記述するほうがスマートです。Table 11-2 に各変数の項目名称の注釈を付けておけば問題ありません。

結果の読み取り

　相関係数は *r* で表します。相関行列（Table 11-3）を見ると，変数1（気

温）と変数2（アイスクリーム売上額）の相関係数が $r = 0.551$ で有意でした。この $r = 0.551$ は，次の3つの情報をもっています。

①相関の方向

　相関の方向には正と負があります。$r = 0.551$ はプラスなので正の相関です。つまり気温が上がると，アイスクリームの売り上げが増えるということです。r がマイナスのときは負の相関を表し，一方が増加すると他方が減少します。Table 11-3 の相関行列を見ると，変数2と変数3が $r = -0.491$ であり，アイスクリームの売り上げが増えると，ホットコーヒーの売り上げが減ることを示しています。アイスクリームをなめながら，ホットコーヒーを飲んでいる人はあまりいないということです。　※架空のデータです。

②相関の強さ

　相関の強さは r の値の大きさで評価します。便宜的評価基準は，強い＞0.70，中程度 = 0.40，弱い =0.30，相関はほとんどない＜ 0.30 とされます（絶対値で判定）。本例の $r = 0.551$，$r = -0.491$ は共に「中程度以上の強さ」，$r = -0.134$ は「相関はほとんどない」になります。

　ちなみに，r の値は十進法に従いません。十進法の数量に変換するには，r の値を2乗します。すると％単位になります（$r^2 = 0.551^2 \fallingdotseq 0.300 = 30\%$）。変数の動きの何％が規則的に関係しているかがイメージできます。$r = 0.30$ は，$r^2 = 0.09$ であり，2変数の動きの10％未満しか規則的に関係しません。評価基準で「弱い」と判定される相関関係はデータの動きの10％未満にしか当てはまらず，あとの90％以上は両変数は互いに関係せずに不規則に動いているというわけです。

③相関の有意性

　母集団相関＝ゼロ（帰無仮説）と仮定して，$r = 0.551$ の偶然出現確率（p 値）を求めて有意性を判定します。偶然出現確率が $p < 0.05$ なら，母相関＝ゼロの帰無仮説を棄却します。つまり，その標本相関は無相関の母集団から出現したものではないと判定します。本例は $p = 0.011$ ですので有意です（変数3個の相関係数は3つ求まるので p 値は調整される）。

有意な相関係数は，Table 11-3でアスタリスク（＊）が付いています。しかし変数1（気温）と変数3（ホットコーヒー売上額）の *r* = −0.134には付いていません。これは有意ではなく，偶然にいくらかの値をもったにすぎないということです。気温が上がっても下がってもホットコーヒーの売り上げには関係しない，コーヒーは夏でも冬でも飲む人は飲むといえます。

　なお，*p* 値がどんなに小さくても（高度に有意であっても），それだけ相関が強いということにはなりません。相関の強さは，上記②のように *r* の値そのもので評価します。すなわち相関係数 *r* 自体が効果量（相関のサイズ）を示しているのです。

11.3　統計的概念・手法の解説

●相関係数の求め方

　相関係数は通常，Pearson（ピアソン, K.）の積率相関係数（product-moment correlation efficient）を指す。

　対応する2変数 x = [1, 2, 3] と y = [3, 4, 8] を考えてみよう。x と y のペアは [1, 3], [2, 4], [3, 8] となる。一方が増えると他方も増えるように見える。この規則的関係を表すため，下の式で相関係数を計算する。

$$相関係数 = \frac{（\text{x と y の共分散}）}{（\text{x の SD}）\times（\text{y の SD}）} \quad \cdots\cdots（\text{I}）$$

　分子の共分散とは，ペアにした x のデータの平均偏差（データ − 平均）と，y のデータの平均偏差とを掛け合わせた統計量である。下式から算出する。なお，x の平均 = 2, y の平均 = 5 である。

$$共分散 = \frac{(1-2)\times(3-5) + (2-2)\times(4-5) + (3-2)\times(8-5)}{N-1} = 2.5 \cdots\cdots（\text{II}）$$

　分母の *N* − 1 は自由度（*df* = ペア数 − 1 = 2）である。平均偏差を掛け合わ

せた総和（分子）を自由度 *df*（= *N* − 1 = 2）で割ると，それが**共分散**（covariance）になる（正確には不偏共分散という）。ペア数 *N*=3 で割ると標本共分散になる。

　このように共分散は，（ペアとなっている）データの平均偏差を直線距離ではなく，掛け合わせた"面積"として数量化する（Ⅱ式）。その面積が，変数 x と y の **SD**（標準偏差）を掛け合わせた"標準的な面積"とどの程度一致するかを，相関係数は計算している（Ⅰ式）。

　完全に一致するなら（*r* = ± 1），全ペアのデータは散布図上で一直線に乗る。すべてのペアが x・y 平面の第 1 象限と第 3 象限に入れば，原点を平均とみなしたときの平均偏差の掛け合わせ（共分散）はすべてプラスの面積になる（平均偏差の掛け合わせはプラス×プラスと，マイナス×マイナスのみになる）。そう想像するとイメージがつかみやすい。他の象限に入ったペアの平均偏差の掛け合わせは，必ずマイナスになるので，**SD** 同士の標準的な面積に不足する。もし第 2 象限と第 4 象限だけにペアが入るなら，マイナスの面積が加算されてゆき"標準的な面積"に近づく（ペアが作る直線は右下がりになる）。

　このように相関係数 *r* は，プラス・マイナスの方向と標準的面積への近似程度（−1 〜 0 〜 1）の情報をもつ。それが相関係数の方向と強さである。実際に R 画面に次のプログラムを入力すると，x = [1, 2, 3] と y = [3, 4, 8] の相関係数が計算できる。

```
x= c( 1, 2, 3 )
y= c( 3, 4, 8 )
cov(x,y) / ( sd(x)*sd(y) )  # cov() は共分散 (covariance) のコマンド
cor(x,y)                    # cor() は相関係数 (correlation) のコマンド

## 本文の説明通りの計算プログラム（有志用）
( x-mcan(x) )*( y-mean(y) )  # 個々のデータの平均偏差の掛け合わせ
sum(c(2,0,3)) / (3-1)        # その総和を自由度で割る　→共分散
2.5 / ( sd(x)*sd(y) )        # 共分散が標準面積のどれ程か　→ r
```

●散布図

　散布図（scattergram）は，2 変数 x と y を座標に見立てた平面図である。

R画面のオプション［任意の2変数の散布図］を実行すれば描くことができる。オプションの初期値は，X軸=1（最高気温），Y軸=2（アイスクリーム売上額）である（実行すると下図を描く）。適宜，変数番号を書き換えて実行する。

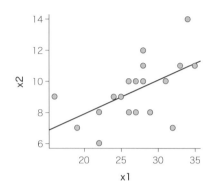

　散布図に引かれた直線は，**回帰直線**または**予測直線**という。$N = 20$ のデータ（ペア）が規則的に関係するなら収束するであろう直線を表す。この直線への収束の程度が r の値（絶対値）になり，相関の強さを表す。

●相関係数の前提

　散布図に表示されたデータの集まり具合から，以下の相関係数の前提が守られているかを確認する。

　＊正規分布：各変数のデータが正規分布していること（外れ値がないこと）
　＊等散布性：両変数のペアが回帰直線の両側に均等に散らばっていること

　正規分布のチェックは，R画面のオプション［歪度，尖度ほか］を参照する（絶対値2以上は危険，Chapter 7，p.101を参照）。**等散布性**のチェックは，散布図を見て，回帰直線の両脇が同程度の密度であることを確かめる。$N < 50$（ペア数=50未満）のときは特に慎重にチェックする。

　これら相関係数の前提が守られない場合の対策は，ほとんどない。明確な外れ値を与えた参加者のデータを除外するのが最もよい。代替的な統計量としては次項の順位相関があるが，分析効率が低くあまり有効ではない。できるだけ N（標本サイズ）を増やすこと。次章以降の多変量解析は基本的に相関に基づ

くので，$N = 100$ 以上が努力目標であり，$N = 50$ 未満は念入りに前提をチェックする必要がある。

●順位相関

順位相関（rank correlation）には，Spearman（スピアマン，C.）の順位相関係数（ρ，ロー）と，Kendall（ケンドール，M.）の順位相関係数（τ，タウ）がある（レポート上の表記はカッコ内のギリシャ文字の使用を推奨）。もともとはデータが順位尺度であった場合に使用する。両者の適否・優劣はない（筆者は ρ を多用するが）。

ピアソンの相関係数 r が有意にならなかった場合に“一縷の望み”として使ってみる価値はある。

散布図に示したように，実は r は直線相関を想定している。このため散布図のデータが曲線に収束しそうなとき（たとえば／よりもノと曲げたほうがよく当てはまる場合），相関係数 r は小さくなり有意にならないことがある。そんなとき値を順位化すれば，ノのような漸増的な規則性が直線化され，順位相関のほうが有意になる可能性がある。曲線相関の可能性があるときの“救済策”として利用できることがある。R 画面のオプション［スピアマンの順位相関係数］，［ケンドールの順位相関係数］を実行すれば参照できる。

『結果の書き方』の下線部エのように，「Pearson の積率相関が有意でなく順位相関が有意であったケースが見られなかった」ときは，問題なく直線相関を想定することができる。“逆のケース”は順位相関の存在を示唆する。

応用問題
相関係数の差の検定

最高気温とアイスクリームの売上額は $r = 0.551$ で有意であり，最高気温とホットコーヒーの売上額は $r = -0.134$ で有意でなかったので，両者は有意差があると考えられる。両者の相関係数の差を検定し確かめなさい。また，別のコンビニエンス・ストアで調べた 30 日間（$N = 30$）の最高気温とアイスクリームの売上額は $r = 0.885$ であった。こちらで調べた $r = 0.551$ より有意に大きいといえるか，検定しなさい。

分析例

　$r = 0.551$ と $r = -0.134$ は同一標本（$N = 20$）から求めたものなので，対応のある相関係数の差の検定になります。当店の $r = 0.551$ と，別のコンビニの $r = 0.885$（$N = 30$）は異なる標本なので，こちらは独立した標本間の検定になります。

　同一標本内の r の差の検定は，R 画面のオプション［標本内 r の差の検定］を実行すれば，次のように出力されます。

```
＞　tx2　# 標本内 r の差の検定 (df=N-3)
　　　　　　　　左r　対　右r　　t値　　p値　　adj_p
x1:x2 対 x1:x3　0.551　-0.134　1.880　0.077　0.088
x1:x2 対 x2:x3　0.551　-0.491　3.957　0.001　0.003
x1:x3 対 x2:x3 -0.134　-0.491　1.808　0.088　0.088
＞
```

　1 行めがそれです。相関係数 0.551 と -0.134 の差は，$t(17) = 1.880$, $p = 0.077$ で有意傾向でした。このように特定の仮説があって（気温とアイスクリーム，ホットコーヒーとの相関に差はあるか），上の 3 つの差のうちの 1 つの差だけについて検定を行うときは，p 値調整は不要です。結果として有意傾向であり，アイスクリームは季節モノ，ホットコーヒーは通年モノという差異が示唆されました。

　別題の，**独立した標本間の r の差の検定**は，R 画面のオプション［標本間 r の差の検定］を用います。以下のように初期値を書き換えて，実行してください。

　　［初期値］TR(0.123, 他 r=0.456, 他 N=100)
　　　　　↓
　　［書換後］TR(0.551, 他 r=0.885, 他 N=30)

結果は，$z = -2.515$, $p=0.011$（両側検定）と出力されます。相関係数 $r = 0.551$

は $r = 0.885$ より有意に小さいとなります。おそらくその店は暑くなると，ドッとアイスクリームめがけて大勢の客が殺到するのでしょう。客層が異なるのかもしれません。なお，統計量 z は標準正規分布の値（分位点）ですので自由度の付記はありません。

12 回帰分析

　2変数がなぜ相関するのかを考えたとき，気温とアイスクリーム売上額のように，一方が原因で他方が結果という因果関係があるからと考えることができます。そう考えて，因果関係を探索する方法が**回帰分析**（regression analysis）です。散布図に引かれた直線を回帰直線と呼びましたが，あの直線を見いだそうとする手法です。

基本例題　　**大学生活の満足度を決定している要因は何か**

　キャンパスライフ（大学生活）の満足度について，学生 10 名を対象に質問紙調査を行った。大学生活の満足度に影響すると考えられる授業への興味，授業以外の課外活動，学生食堂のメニューについて質問し（Table 12-1 参照），5 段階の評定を求めた。その結果，Table 12-2 のデータを得た。大学生活の満足度を決定している要因は何か，回帰分析によって探索しなさい。
※ $N = 10$ は練習用。実用上は $N = 100$ 超えを目指すこと。

Table 12-1　質問項目（コロン以降は質問文）

Y	満足度：あなたは現在の大学生活に満足していますか
x1	授業興味：おもしろいと感じられる授業がありますか
x2	課外活動：部活など授業以外の活動は充実していますか
x3	学食評価：あなたの好きなメニューが学食にありますか

注）回答は 5 段階であり以下のように得点化した。
　5 = はっきりハイ
　4 = ハイ
　3 = どちらとも言えない（ハイ・イイエ半々）
　2 = イイエ
　1 = はっきりイイエ

Table 12-2　データリスト（$N = 10$）

参加者	満足 Y	授業 x1	課外 x2	学食 x3
1	2	3	4	2
2	5	5	2	5
3	1	1	3	2
4	4	3	5	3
5	5	2	4	5
6	4	5	2	2
7	5	4	4	5
8	3	3	4	5
9	1	1	2	5
10	2	5	5	2

注）質問項目の内容は Table 12-1 参照。

12.1　データ入力

必ず，欠損値の処理をすませてください。欠損値とは無回答のことです。処理の仕方には次の3つの方法があります。優先順に書くと次のようになります。

* 欠損値を生じた参加者を削除する。データリストのその参加者1行を丸ごと削除する。
* 欠損値を生じた変数の平均を計算し，その値を欠損箇所に充当する（小数値が入る）。
* 欠損箇所に中間段階の得点を充当する（得点化5〜1なら3を入れる）。

入力するデータは，**必ず，一番左の列に「結果」の変数Yが来る**ようにします。Table 12-2のデータリストでは一番左に「満足」を結果として置いて，その右はすべて「満足」を引き起こす原因の候補となります。

▶▶ データ入力：他ファイルからデータを貼り付ける

❶ STAR画面左の【回帰分析】をクリック　→設定画面が表示されます。
❷ 参加者数＝10と独立変数（x1〜x3）の個数＝3を入力する　→データ枠が表示されます。

❸ データ枠の直下にある小窓をクリック　→小窓が大窓になります。
❹ 大窓に『XR例題データ』からデータを貼り付ける　→［代入］をクリック
❺ Rオプションの初期モデルを［主効果モデル］にする
　→初期値［交互作用モデル］を［主効果モデル］に変えてください。
　　交互作用モデルの分析は『応用問題』で扱うことにします。

❻【計算！】ボタンをクリック　→『手順1』〜『手順3』にプログラムが
出力されます。

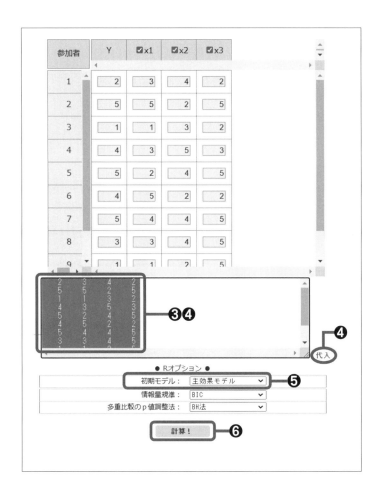

❼『手順1』の【コピー】をクリック　→ R画面で右クリック　→ペースト
→ R画面に dtab=read.table…が貼り付けられます。

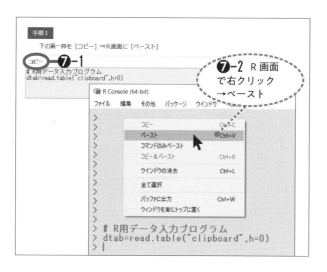

❽『手順2』の【コピー】をクリック　→ R画面を（左）クリック　→ キ・ー・ボ・ー・
ド・の【↑】　→【Enter】を押す

→ペーストしないよう注意してください。ペーストしてしまったら，❼か
らやり直します。

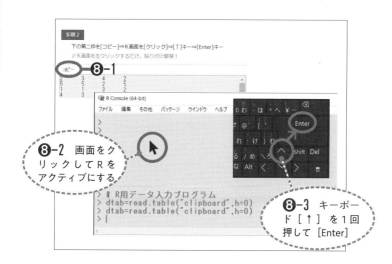

❾ 『手順3』の【コピー】をクリック　→R画面で右クリック　→ペースト
→出力された『結果の書き方』を文書ファイルにコピペします。

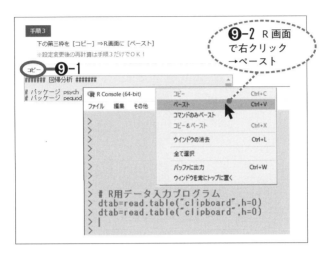

12.2 『結果の書き方』の修正

　以下のような結果の文章が出力されます。下線部を修正し，レポートに仕上げます。Table については修正要領の後にまとめて作成要領を示します。

```
> cat(txt)
　各変数の基本統計量を Table(tx1) に示す。
　変数 Y ア) を従属変数 イ) とし，3 個の変数 x ウ) を独立変数 エ) とした主
効果モデルを構築し，ステップワイズ増減法による回帰分析を行った。初
期モデル Y＝ x1 ＋ x2 ＋ x3 について，情報量規準 BIC を用いたモデル選
択を行った結果，Y＝ x1 ＋ x3 が選出された。モデル選択ステップの要約
を Table(tx2) に示す。
　モデル決定係数 R^2 オ) =0.546 は有意傾向であった （F(2, 7)=4.211,
p=0.062, f^2 オ) =1.203, 1－β =0.697, adjusted R^2 オ) =0.416）。効果量
f^2 オ) は便宜的基準 （Cohen, 1992） によると大きいと評価される。検出
力 （1－β） は不十分であり信頼性が低い。
```

選出モデルにおける独立変数の偏回帰係数とその検定結果を Table(tx4) に示す。

　結果として，主効果については，x1 の偏回帰係数が有意傾向であり (b=0.623, t(7)=2.312, p=0.054, β=0.596)，x1 が増加すると有意に Y が増加することが見いだされた。また，x3 の偏回帰係数も有意傾向であり (b=0.578, t(7)=2.086, p=0.075, β=0.537)，x3 が増加すると有意に Y が増加することが見いだされた。

　多重共線性について各変数の VIF（分散拡大要因）を算出した結果 (Table(tx7) 参照)，特に危険はないと判断された (VIFs<1.024)。

[引用文献]

Cohen, J. (1992). A power primer. Psychological Bulletin, 112, 155-159.

＞

下線部の修正

ア　変数 Y を「満足度（Y）」と具体的な項目名に置換し，略号をカッコ書きします。

イ　従属変数は「目的変数」「応答変数」とも呼びます。ここでは「従属変数」のままにしておきます。最も一般的な呼び方です。

ウ　3 個の変数 x を「授業興味（x1）」「課外活動（x2）」「学食評価（x3）」と具体的な項目名に置換し，略号をカッコ書きします。独立変数 x の個数が多ければ，「Table 12-3 に掲載した項目 x1 ～ x3 を独立変数とした」と書きます。

エ　独立変数は「説明変数」「予測変数」とも呼びます。出力された「独立変数」のままでまったく問題ありませんが，レポートでは「説明変数」を用いる例を示します。

オ　新出の統計記号 R^2 は $\boldsymbol{R}^2$，f^2 は $\boldsymbol{f}^2$ に，それぞれ整形します。

カ　これ以降，知見を述べるので，Y，x1，x2，x3 を具体的に「満足度」「授業興味」「課外活動」「学食評価」と置換します。

［図表の作成］

- **Table(tx1)** 必須。R出力の『基本統計量』から作成（Table 12-3）。
- **Table(tx2)** 省略可。掲載するなら『選択ステップの要約』から作成。
- **Table(tx4)** 省略可。掲載するなら『偏回帰係数の検定』から作成。
- **Table(tx7)** 省略可。掲載するなら『VIF（分散拡大要因）』から作成。

以上の修正を行うと，次のようなレポート例になります。省略可のTableは省略しています。

▢ レポート例 12-1

各項目の基本統計量を Table 12-3 に示す。

Table 12-3　各項目の基本統計量（N = 10）

	Mean	*SD*	*min*	*max*	*M-SD*	*M+SD*
満足度（Y）	3.20	1.62	1	5	1.58	4.82
授業興味（x1）	3.20	1.55	1	5	1.65	4.75
課外活動（x2）	3.50	1.18	2	5	2.32	4.68
学食評価（x3）	3.60	1.51	2	5	2.09	5.11

注）各項目の質問文については Table 12-1 参照。

満足度（Y）を従属変数とし，授業興味（x1），課外活動（x2），学食評価（x3）を説明変数とした主効果モデルを構築し，ステップワイズ増減法による回帰分析を行った。初期モデル Y = x1 + x2 + x3 について，情報量規準 **BIC** を用いたモデル選択を行った結果，<u>Y = x1 + x3 が選出された。</u>キ)

<u>モデル決定係数 R^2=0.546</u>ク) は有意傾向であった（$F_{(2,7)}$=4.211, p=0.062, f^2=1.203, $1-\beta$=0.697, <u>***adjusted*** R^2</u>ケ) =0.416）。効果量 f^2 は便宜的基準（Cohen, 1992）によると大きいと評価される。検出力（$1-\beta$）は不十分であり信頼性が低い。

結果として，主効果については，<u>授業興味の偏回帰係数が有意傾向であり（b=0.623</u>コ), $t_{(7)}$=2.312, p=0.054, β=0.596），授業興味が増加すると有

意に満足度が増加することが見いだされた。また，学食評価の偏回帰係数も有意傾向であり (**b**=0.578 ₊)，**t**(7)=2.086, **p**=0.075, **β**=0.537)，学食評価が増加すると有意に満足度が増加することが見いだされた。

多重共線性について各変数の **VIF**（分散拡大要因）を算出した結果，特に危険はない ₚ と判断された (**VIF** s<1.024)。

結果の読み取り：不良項目のチェック，回帰分析の結果

まず，基本統計量を見て（Table 12-3），**不良項目**（不良変数）をチェックします。不良項目はデータ分布の正規性と等散布性を満たさない項目のことです。相関係数の前提と同じです。簡易的に，Table 12-3 において次のようなチェックを行います。

* **Mean**＋**SD** の値が，得点範囲の上限（＝ 5）を上回っていないか
* **Mean**－**SD** の値が，得点範囲の下限（＝ 1）を下回っていないか

上段に該当したときは**天井効果**（ceiling effect），下段に該当したときは**フロア効果**（floor effect）といいます。いずれもネガティブな効果であり，不良項目の指標とされます。Table 12-3 を見ると，学食評価（x3）が **M**＋**SD** = 5.11 で，天井効果を示しています。これは不良項目と判定されます。

不良項目と判定した場合，その項目を回帰分析から除外して，再分析を行います。下図のようにx3のチェックボックスの☑を外してから，もう一度【計

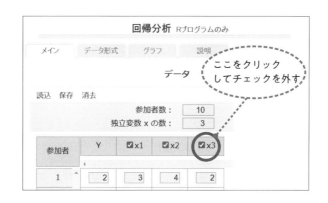

算！】ボタンをクリックしてください（データ入力手順の❻を再実行するが『手順 1』『手順 2』は不要で手順❾へ飛び『手順 3』だけをコピペする）。

　不良項目があったら，当の項目を除外し再分析したことを加筆する必要があります。次の例を参考に加筆してください。

［不良項目を除外したときの加筆］
　各項目の基本統計量を Table 12-3 に示す。Table 12-3 における **Mean** ± **SD** を基に簡易的に各項目のデータ分布をチェックした結果，学食評価が天井効果を示したので，これを分析から除外することにした。

　これ以降，再分析した『結果の書き方』で改めて記述を始めます。不良項目がなかったら，何も足さずに，次に行きます。ここでは練習ですので，学食評価（x3）を除外せずに進むことにします。
　以下，回帰分析結果の読み取りとなります。以下のようにコンピュータが読み取って行きます。

　①モデルの選出
　②モデル決定係数の検定
　③偏回帰係数の検定と満足度の増減の予測

①モデルの選出
　学生のキャンパスライフの満足度を予測する有力なモデルとして，Y = x1 + x3 が選出されました（下線部**キ**）。x2（課外活動）が選外となったのは意外ですが，そういう結果です。

②モデル決定係数の検定
　モデル決定係数とは，モデルが従属変数の動きをどの程度決定しているかを表す指標であり，選出されたモデルの有力さを表します。下線部**ク**のモデル決定係数 R^2=0.546 は説明率（％）として読みます。つまり，このモデルでは，満足度のデータの動きの54.6％が x1 と x3 で説明されたということです。この54.6％を検定すると（説明率 = 0％と仮定し54.6％の偶然出現確

率を求めると），p = 0.062 で有意傾向と判定されました。効果量 f^2 = 1.203 はかなり大きいです。効果量 f^2 の便宜的評価基準は，大 = 0.35，中 = 0.15，小 = 0.02 とされます。ただし検出力不足です（$1-\beta$=0.697）。末尾の統計量 **adjusted** R^2 = 0.416（下線部**ケ**）は「自由度調整済み決定係数」と言われるもので，他の標本の R^2 と比べるときに使います。

ちなみに，モデル決定係数を$\sqrt{}$した $R = \sqrt{0.546}$ = 0.739 は，Y に対する x1 と x3 の**重相関係数**といいます（重相関係数は±なし）。

③偏回帰係数の検定

選出モデルの有力さが証明できたので（検出力は不足），モデル内の個々の説明変数を検定します（下線部**コ**以降）。これには**偏回帰係数 b** を用います。偏回帰係数とは"傾き"のことです。すなわち，満足度を Y 軸にとったときの説明変数 x# の回帰直線（散布図中に描かれる直線）がどの程度傾くかを表します。回帰直線が傾かないなら（b = 0，傾きが水平），x# がどんな値をとっても Y 軸は水平値（Y 切片）のままで何ら上下しません。しかし x1（授業興味）は偏回帰係数 b = 0.632 であり，授業興味が 1 ポイント増えると，Y 軸の満足度をプラスに 0.632 押し上げる効果をもつことが示されました（下線部**コ**）。しかもこの押し上げは偶然には出現しない大きさで有意傾向です（p = 0.054）。また同様に，x3（学食評価）も b = 0.578 で（下線部**サ**），学食評価が 1 ポイント上がると満足度が 0.578 ポイント上がり，この満足度を押し上げる効果も有意傾向です（p = 0.075）。

まとめると，学生のキャンパスライフの満足度を上昇させるには，授業興味と学食評価を高めることが有効であることが見いだされたわけです（※架空のデータです）。勉学に限らず積極的な活動にはおもしろさと"ウマいもの"が必要です。学生相手の日替わり定食でも，しっかり出汁をとったコク深い味噌汁は筆者如き学生にも料理人の心意気が伝わり元気が出たものでした，昼イチの授業は眠かったですが。

12.3 統計的概念・手法の解説

●回帰分析のモデル選択

　回帰分析も情報量規準を用いることによって，一般化線形モデリングの一手法としてモデル選択を行うことが主目的とされるようになった。それまでは階層的回帰分析と言われる手順で，一方のモデルの決定係数（R^2）と他方のモデルの決定係数（R^2）との有意差検定を行い，優劣を判定していた。しかし情報量規準はもっと効率よく合理的に，説明力が高いだけでなく，かつシンプルな（少数精鋭の）モデルを選んでくれる。

　度数データのモデリングでは主にポアソン分布が用いられるが，数量データのモデリングでは正規分布が用いられる。したがって，レポート例の冒頭の「ステップワイズ増減法による回帰分析を行った」のところは，「ステップワイズ増減法による回帰分析（正規分布を用いた一般化線形モデリング）を行った」と書けば申し分ない。そう書かなくても問題なく承知されている。

●単回帰と重回帰

　2変数［X, Y］の相関を回帰式にすると，Y = a + bX となり，単回帰と呼ぶ。a は定数（Y切片），b は回帰係数（傾き）を表す。このとき回帰係数に偏- は付かない。

　独立変数（説明変数）x が2個以上になると，回帰式は**重回帰**（multiple regression）となり，回帰係数に偏- が付くようになる。偏回帰係数は，他の独立変数の影響を一定にしたときの当の独立変数と従属変数との相関の強さと方向を表す。以下の R 出力『偏回帰係数の検定』から実際に回帰式を作ってみると，満足度＝−0.87 + 0.62×授業興味 + 0.58×学食評価，となる。

```
＞ tx4 # 偏回帰係数の検定
            偏回帰係数  標準誤差    t 値    p 値      β
(Interc.)   −0.8736    1.4674  −0.5954  0.5703  0.0000
x1           0.6227    0.2693   2.3121  0.0540  0.5957
x3           0.5781    0.2771   2.0859  0.0754  0.5374
＞ # 標準化偏回帰係数（β）= 偏回帰係数 /SDy*SDx
```

もし授業興味と学食評価が最小 1 ポイントならば，満足度 = -0.87 + 0.62 + 0.58 = 0.33 という 1 ポイント未満の"大不満"の評定になると予測される。反対に，両者とも最大 5 ポイントならば，満足度 = -0.87 + 0.62×5 + 0.58×5 = 5.13 という評定段階の上限を超えた"大満足"になると予測される。このように回帰分析は，因果関係・予測関係を明らかにする。

　なお，偏回帰係数 *b* は独立変数の実測寸法であるが，これを -1 〜 1 に変換した値を**標準化偏回帰係数**と呼び，β で表す（検出力の 1-β の β とはまったくの別モノ）。標準化偏回帰係数 β は相関係数 *r* と同一である。たとえば x1 が 100 点満点で，x2 が 50 点満点のとき，非標準化係数 *b* の値では x1 と x2 の満足度への影響力を比べることができないが（1 ポイントの重みが違う），標準化偏回帰係数 β なら比べることができる。そのように独立変数間で強さを比較したいときに標準化偏回帰係数 β を用いる。

●不良項目のチェック

　回帰分析に限らず，これ以降の因子分析，そして SEM（共分散構造分析）も相関をもとにした分析法である。このため不良項目のチェックは必須である。例題では簡易的に *M* ± *SD* を見たが，それも含めて次の 3 つのチェック方法がある。

①天井効果，フロア効果のチェック

　M ± *SD*（平均 ± 標準偏差）が得点範囲（下限値〜上限値）から外れていないかを見る。

　例題では，変数 x3 の *M* + *SD* = 5.11 が天井効果を示し，不良項目とされた。

②歪度，尖度のチェック

　R 画面のオプション［尖度, 歪度ほか］を実行し，skewness（歪度）と kurtosis（尖度）が絶対値 = 2 を超えていないかを見る。

```
>  library(psych);describe(dx)       # 尖度，歪度ほか

    …median … min max range   skew  kurtosis   se
Y  …   3.5  …   1   5     4   -0.15    -1.79   0.51
x1 …   3.0  …   1   5     4   -0.14    -1.60   0.49
```

x2 …	4.0 …	2	5	3	-0.18	-1.67	0.37
x3 …	4.0 …	2	5	3	-0.08	-2.11	0.48

　変数 x3 の行を見ると，kurtosis（尖度）の -2.11 が危険である。マイナスの尖度は中央に尖りがない（むしろへこんだ）分布形を示唆している。

③散布図行列のチェック

　R 画面のオプション［散布図］を実行し，視覚的にデータ分布の形状が正規形であるかどうかを見る（下図）。

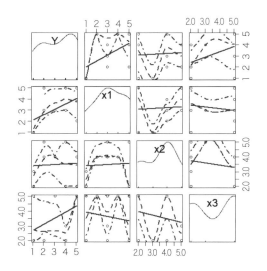

　これは**散布図行列**と言われる。対角線上の図が各変数のデータ分布を示す。変数 x3 の散布図（予想図）を見ると，M字形の2山分布が予想されている。やはり他の変数と比べて，変数 x3 は正規分布にはほど遠いことがわかる。評定尺度を改善したほうがよい。実践的には，5段階評定の肯定側の段階を増やし（現行2段階），「はっきり良い」「一応良い」「どちらかなら良い」「どちらとも言えない」「良くない」のように非対称にするのが一つの方法である。

●分散拡大要因

回帰分析の前提として，相関係数の前提（正規分布と等散布性）に加えて，多重共線性が生じていないことを確認する必要がある。**多重共線性**（multicollinearity）とは，独立変数の間の強い相関（他の線形性）が偏回帰係数の計算を不正確にする現象である。この定義からわかるように，独立変数間の強い相関が問題である。そこで，独立変数間の相関をもとにした**分散拡大要因 VIF**（variance inflation factor）という指標をチェックする（レポート例の下線部**シ**）。

VIF は特定の1個の独立変数に対する他の独立変数の重相関（**R**）を下式に代入し，計算される。

$$VIF = \frac{1}{1 - R^2}$$

分母の R^2 は，いわゆるモデル決定係数（モデル説明率）である。独立変数のうち1個を従属変数としそれ以外を独立変数とした回帰分析から求める。これで $R^2 = 0.80$ 以上，すなわち重相関係数 $R \fallingdotseq 0.90$ 以上が"危険域"となる。**VIF** の便宜的評価基準は，良好＜2，許容＜5，危険＞10とされる。

$R = 0.90$ 以上というのは，ほとんど同一変数とみなせるので，R 出力『相関行列』を見て，強く相関する2つの独立変数のうち一方を除外すれば多重共線性は防げる（STAR 画面でチェックを外す）。あるいは，全独立変数を因子分析（次章）によって直交因子化する対策もある。経験的には，同じふるまいをする独立変数なら情報量規準 **BIC** が"少数精鋭化"のため削減するようであるが，**AIC** のほうは"適合度重視"のため拾ってしまうことが実際に少なくないので，**VIF** による多重共線性のチェックは欠かせない。

応用問題

交互作用モデルを用いた回帰分析

> 基本例題は，回帰分析の初期モデルとして主効果モデルを用いたが，交互作用モデルを用いて同じデータを回帰分析しなさい。

同じデータを分析しますので，データ入力はすでに済んでいる状態です。

したがって，STAR 画面の R オプション［初期モデル］の選択肢を［交互作用モデル］にすれば OK です。【計算！】ボタンをクリック後，**手順 1・手順 2 を省いて**，手順 3 の R プログラムを【コピー】→ R 画面で右クリック→ペーストするだけです。

結果として，Y = x1 + x2 + x3 + x1×x2 が選出されます。主効果モデルとの違いは，x1×x2 のような交互作用の説明項が自動的に加わり，自動的に検証されることです。『結果の書き方』の修正については，特に新しい修正要領はありません。出力された『結果の書き方』を文書ファイルにコピぺして，次のようなレポートを作成してみてください。この応用問題では交互作用の読み取り方がポイントになります。

レポート例 12-2

各項目の基本統計量を Table 12-3 に示す。

Table 12-3　各項目の基本統計量 (N = 10)

	Mean	SD	min	max	M−SD	M+SD
満足度（Y）	3.20	1.62	1	5	1.58	4.82
授業興味（x1）	3.20	1.55	1	5	1.65	4.75
課外活動（x2）	3.50	1.18	2	5	2.32	4.68
学食評価（x3）	3.60	1.51	2	5	2.09	5.11

注）各項目の質問文については Table 12-1 参照。

満足度（Y）を従属変数とし，授業興味（x1），課外活動（x2），学食評価（x3）を説明変数とした一次交互作用モデルを構築し，ステップワイズ増減法による回帰分析を行った。<u>初期モデル Y = x1 + x2 + x3 + x1×x2 + x1×x3 + x2×x3 ス）</u>について，情報量規準 **BIC** を用いたモデル選択を行った結果，<u>Y = x1 + x2 + x3 + x1×x2 が選出された。セ）</u>

モデル決定係数 $\underline{\textbf{\textit{R}}^2=0.858}$ は有意であった（$F_{(4,5)}=7.573$, $p=0.023$,

f^2=6.058, $1-\beta$=0.979, *adjusted R²*=0.745)。ソ) 効果量 f^2 は便宜的基準 (Cohen, 1992) によると大きいと評価される。検出力 $(1-\beta)$ は十分である。

　結果として，一次の交互作用については，授業興味×課外活動の交互作用が有意であった (*b*=-0.557, *t*(5)=-3.235, *p*=0.023, β=-0.628)。単純傾斜分析の結果 (Fig.12-1 参照)，偏回帰係数の有意性検定 (*a*=0.15, 両側検定) によると，授業興味の低水準 (-1*SD*) における課外活動の偏回帰係数が有意であり (*b*=0.910, *t*(5)=4.557, *adjusted p*=0.024)，課外活動低水準 (-1*SD*) の満足度よりも課外活動高水準 (+1*SD*) の満足度が有意に大きく，これに対して授業興味の高水準 (+1*SD*) における課外活動の偏回帰係数は有意でなかった (*b*=-0.403, *t*(5)=-1.112, *adjusted p*=0.316)。一方，課外活動の低水準 (-1*SD*) においては授業興味の偏回帰係数が有意であり (*b*=1.325, *t*(5)=3.107, *adjusted p*=0.053)，授業興味低水準 (-1*SD*) の満足度よりも授業興味高水準 (+1*SD*) の満足度が有意に大きく，これに対して課外活動の高水準 (+1*SD*) における授業興味の偏回帰係数は有意でなかった (*b*=-0.401, *t*(5)=-1.358, *adjusted p*=0.310)。

　選出モデルにおける主効果については，学食評価の偏回帰係数が有意であり (*b*=0.561, *t*(5)=3.003, *p*=0.030, β=0.521)，学食評価が増加すると有意に満足度が増加することが見いだされた。

　多重共線性について各変数の *VIF* (分散拡大要因) を算出した結果，特に危険はないと判断された (*VIF*s<1.53)。

　以上の分析における *p* 値の調整には Benjamini & Hochberg (1995) の方法を用いた。

　なお，二次の交互作用を仮定し分析を試みたが，二次の交互作用は検出されなかった_{タ)}ので，上述の分析結果が妥当であると考えられる。

<u>なお，二次の交互作用を仮定し分析を試みたが，二次の交互作用は検出されなかった</u>タ)ので，上述の分析結果が妥当であると考えられる。

結果の読み取り：単純傾斜分析

　下線部**ス**の初期モデルが長すぎるときは「初期モデルをフルモデルとして，情報量規準 ***BIC*** を用いた…」としても OK です。"フルモデル"は，回帰式

の右辺に可能な説明項をすべて並べたモデルのことです。もちろん，このフルモデルが選出される場合もあります。

　今回は，交互作用 x1×x2 と，主効果 x3 が選出されました（下線部**セ**）。分散分析と同じで**交互作用優先**ですので，交互作用に含まれている x1, x2 の主効果は（モデル表示はされますが）以下では分析されません。

　モデル決定係数が，前例より大幅にアップし（54.6％→85.8％），検出力不足も解消されたことが注目されます（下線部**ソ**）。主効果モデルよりも，交互作用モデルのほうがデータをよりよく説明することが示されました。

　その交互作用を分析するため，**単純傾斜分析**（simple slope analysis）を行います。これは分散分析の単純主効果検定と同じで，相手水準を限定した検定です（*a* = 0.15 に設定）。Fig.12-1 は，交互作用 x1×x2，すなわち授業興味×課外活動の単純傾斜グラフを表しています。

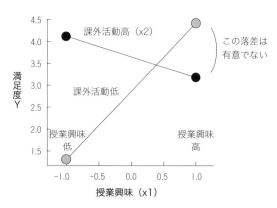

Fig. 12-1　授業興味と課外活動の交互作用

　最大の見どころは，この Fig.12-1 の 4 つの平均です。その差の出方が一様でないというのが交互作用の理由です。Figure のタテ軸は満足度 Y の値を表しますが，ヨコ軸は変数 x1 の平均を差し引いた値になっています（平均をゼロにとる）。これは交互作用 x1×x2 と主効果 x1 の強い相関を避けるための処置で**中心化**といいます。同様に，x2 の値も中心化していますが，Figure には 0 ± 1*SD* の点だけが示されています（⬤から●へ向けて奥のほうに引いた見えない回帰直線を想像する）。

Fig.12-1を見ながら，平均間の有意差を一つひとつ押さえて行きましょう。

まず，x1（授業興味）の低水準（-1**SD**）に限定して，x2の課外活動低の満足度と課外活動高の満足度を見てみると（◉→●），回帰係数 **b** = 0.910 がプラスで，課外活動低から高へかけて満足度が有意に増加することが見いだされました。つまり授業興味が低であっても，課外活動が高ならば，キャンパスライフ満足度は高いということです。これに対して，授業興味の高水準（+ 1**SD**）に限定すると，課外活動低・高の満足度（◉→●）は回帰係数 **b** = -0.413 で，課外活動低から高へかけて満足度はやや低下するが有意でなく（**p** = 0.316），あまり変化しないことがわかりました。

次に，今度はx2（課外活動）の低水準に限定して見てみると，授業興味低から高へかけて満足度（◉→◉）は急激な上昇を示しています（**b** = 1.325）。これに対して，課外活動の高水準では，授業興味低から高へかけての満足度（●→●）はやや減りますが有意ではなく（**b** = -0.401, **p** = 0.310），ほぼ水平とみなされます。

まとめると，Fig.12-1 の 4 つの平均のうち，3 平均が満足度 Y の上のほうに集まっていて，1 つだけが満足度 Y の下のほうに落ちているという状態です。すなわち，授業興味が低，かつ課外活動も低という低水準が重なったときに，キャンパスライフが不満足に陥ることが見いだされました。

以上の交互作用とは別に，主効果 x3（学食評価）が先の分析と同様に選出されていて，やはり単独で満足度 Y に有意なプラスの効果を示しています（**b** = 0.561, **p** = 0.030）。

最後に，**VIF** をチェックし，多重共線性の危険がないことを確認しました。

このあとの，レポート例の下線部**タ**の「なお」書きは，二次の交互作用モデルが選出されなかったことを付言していますが，省略してもかまいません。そうした高次モデルが選出されないほうが望ましく，上記の一次の交互作用の信頼性が確証されます。回帰分析の高次モデルは分散分析の二次の交互作用と同じで，少数の特異なケースが存在するということなので，一般化可能な規則的傾向が見いだせないのが通例です。

12.4 統計的概念・手法の解説2：ユーザー作成モデル

　回帰分析のRプログラムは，初期モデルを［交互作用モデル］としたとき，自動的に一次の交互作用モデルを構築する。その際，与えられた独立変数で可能なすべての"□×□"の組み合わせを作る。独立変数3個なら一次の交互作用も3個ですむが，独立変数の個数が増えると一次の交互作用の個数も幾何級数的に増える。そこで，すべての組み合わせを説明項とするのではなく，特定の交互作用のみをモデルに入れたいときは，STAR画面のRオプション［初期モデル］のところで［ユーザー作成モデル］を選択すると任意に指定できる。

　変数と演算のボタンが表示されるので，それをクリックして，モデルを構築する。下の例は，独立変数が5個のときに，一次の交互作用をx1×x2とx1×x5の2項だけに絞って初期モデルに入れる例である（コンピュータのほうで自動的にモデル構築すると独立変数5個のとき交互作用は全部で10項も作ってしまう）。なお，**交互作用の掛け合わせ記号（×）は，R表記ではコロン（:）と記述する**ことに注意。

Y~ [x1 + x2 + x3 + x4 + x5 + x1:x2 + x1:x5] ●········ 主効果はすべて書くこと

Chapter 13 因子分析

　2変数がなぜ相関するのかを考えたとき，回帰分析のように，一方が原因で他方が結果という因果関係があるから（相関する）と考えることができますが，もう一つには，それらの変数が何か別の共通の因子に支配されているから同じように動く（相関する）と考えることができます。この発想から開発されたのが**因子分析**です。

　たとえば小・中学生の身長と体重は強く相関しますが，一方が原因で他方が結果ということはありません。身長と体重は"成長"という共通の因子に支配されて，どちらもその因子に動かされて増大するので相関するのです。成長因子は見えませんが，身長と体重という見える変数の相関から，その存在を推測することができます。因子分析も，観測可能な変数の相関関係から，見えないところに存在する潜在的な因子を探索しようとします。

基本例題　　人々の幸福感を決める潜在因子は何か

　人々が"幸せ"を感じる機会や場面を収集し，代表的な6項目（Table 13-1）を用いて質問紙調査を行った。参加者15人に質問項目6個を提示し，参加者自身に当てはまるかどうか，確信度を評定してもらった。評定は「非常によく当てはまる」「だいたい当てはまる」「少しは当てはまる」「どちらともいえない」「あまり当てはまらない」「ぜんぜん当てはまらない」の6段階であり，確信度の強い側からら [6, 5, 4, 3, 2, 1] と得点化し，Table 13-2のデータを得た。幸福感は単一の因子で決まるものか，それとも複数の因子から成り立っているものか，因子分析で探索しなさい。

Table 13-1　幸福感の質問項目

項目	質問文
x1	困ったとき助けてくれる人がいる。
x2	自分は愛されていると感じる。
x3	日々の生活で，孤独を感じる。*
x4	自分は健康であると思う。
x5	日常生活に喜びや楽しさを感じる。
x6	夢中になり時を忘れることがある。

注）* は逆転項目を表す。

Table 13-2　幸福感項目の評定得点

参加者	x1	x2	x3	x4	x5	x6
1	3	4	4	3	2	5
2	4	2	3	3	2	3
3	5	5	1	4	4	6
4	2	2	3	4	4	4
5	2	1	6	3	1	5
6	5	4	2	4	4	6
7	4	3	2	3	3	4
8	3	3	3	2	3	4
9	3	5	2	3	3	5
10	4	5	2	3	5	5
11	6	6	1	2	2	2
12	4	5	2	4	5	5
13	5	5	1	4	4	6
14	5	6	2	5	6	6
15	5	5	3	5	5	5

注）項目の内容は Table 13-1 参照。

13.1　データ入力

　回帰分析と同じように，データ入力の前に必ず欠損値を処理しておきます（Chapter 12, p.173 を参照）。

　新出の手順として，因子分析では**逆転項目の処理**を行うケースがよくあります。Table 13-1 において * が付けられた x3「…孤独を感じる」のような否定的感情をたずねる項目です。他の項目は肯定的感情の側から [6, 5, 4, 3, 2, 1] と得点化しているので，x3 の得点化は幸福感としては [1, 2, 3, 4, 5, 6] と逆転させる必要があります。ただし得点が逆になっていることを承知していれば，このままでもかまいません。他の項目の得点が幸福感とプラスに関係するところで，x3 の得点がマイナスに関係するというだけであり，因子分析の結果は変わりません。

　もし，x3 の得点を事前に逆転させておきたいときは，データ入力の前に，STAR 画面左の下方にあるユーティリティ【逆転項目処理】を使うと便利です。

▶▶ 逆転項目処理

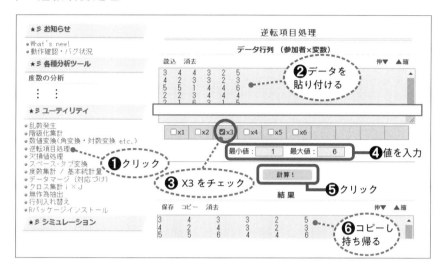

　本例は，逆転項目 x3 の処理を行わず（x3 が逆転した得点化になっていることを十分承知したうえで），Table 13-2 に掲載されたデータを入力することにします。

▶▶ データ入力：他ファイルからデータを貼り付ける

❶STAR 画面左の【因子分析】をクリック　→設定画面が表示されます。
❷参加者数＝ 15，項目数＝ 6 を入力する　→データ枠が表示されます。

❸データ枠の直下にある小窓をクリック　→小窓が大窓になります。
❹大窓に『XR 例題データ』からデータを貼り付ける　→【代入】をクリック

❺【計算！】ボタンをクリック　→『手順1』～『手順3』にプログラムが
出力されます。

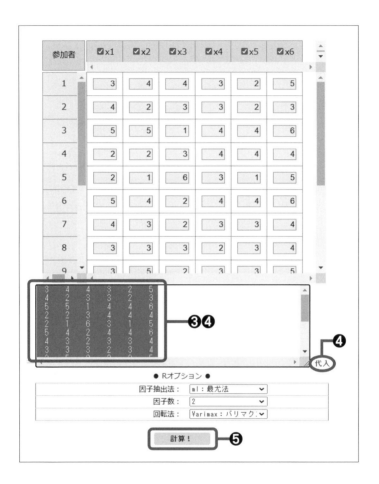

❻『手順1』の【コピー】をクリック　→R画面で右クリック　→ペースト
→R画面に read.table… が貼り付きます。

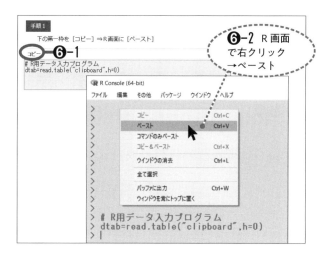

❼『手順2』の【コピー】をクリック　→R画面をクリック　→キーボード
の【↑】　→【Enter】を押す
　　→上と同じ read.table… が貼り付けば成功です。

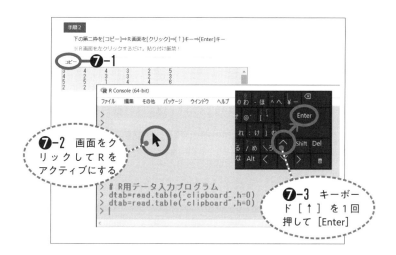

❽ 『手順3』の【コピー】をクリック　→R画面で右クリック　→ペースト
→出力された『結果の書き方』を文書ファイルにコピペし，以下，修正します。

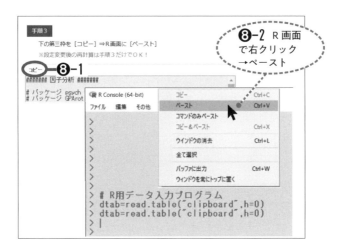

13.2 『結果の書き方』の修正

　以下のような文章が出力されます。下線部を修正し，レポートに仕上げます。
Table, Figure については修正要領の後にまとめます。

```
> cat(txt) # 結果の書き方
　各項目の基本統計量を Table(tx0) に示す。
　因子分析前に行った主成分分析によるスクリープロット（Figure ■
参照）は2因子解を示唆し【※要確認】ア），また平行分析も2因子解，
MAP（最小平均偏相関）も2因子解を示唆した。
　これらの結果及び先行研究の知見【※要確認】から2因子解を適当と判
断し，最尤法により因子抽出を行った。その結果，適合度は良好と判断さ
れた（RMSEA=0，90%CI 0-0.41）。また，情報量規準 BIC も他の因子数と比
```

べて2因子解を支持し，SABIC も2因子解を支持した（Table(tx5) 参照）。そこで，バリマクス回転を行って Table(tx3 or tx9) に示した因子負荷量を得た。

　　Table(tx3 or tx9) において，因子負荷量の絶対値 0.40 以上の項目内容に基づいて因子を解釈・命名することにした。

　　因子1について，項目 x2・x1・x5 にプラスの負荷量を示し，項目 x3 にマイナスの負荷量を示していることから，<u>〇〇に関する内容</u>₍ᵢ₎ と解釈し，『〇〇』と命名した。

　　因子2については，項目 x4・x5・x6 にプラスの負荷量を示していることから，〇〇に関する内容と解釈し，『〇〇』と命名した。

<u>⇒尺度化を試みるときは以下を加筆してください。</u>₍ᵤ₎

　　正の因子負荷量 0.40 以上の項目を用いて尺度化を行った結果，項目 x1 x2 の素点合成による尺度1について，Cronbach の α 係数は 0.836 であり，十分な内的一貫性が得られた。また，項目 x4 x5 x6 の素点合成による尺度2については α 係数は 0.821 であり，十分な内的一貫性が得られた。なお，尺度の番号は因子番号に対応している。
　　＞

> ### 下線部の修正

ア　【※要確認】はレポートでは削除。後述（p.200）を参照。

イ　〇〇に関する内容は，ユーザー自身が具体的に記述します。

ウ　「⇒」以下は省略可。因子分析後の尺度作成は『応用問題』で扱います。

［図表一覧］
・**Table(tx0)**　必須。R出力『基本統計量』から作成（Table 13-3）。
・**スクリープロット（Figure ■）**　通常省略。
・**Table(tx5)**　通常省略。掲載するなら R出力『情報量規準』から作成。
・**Table(tx3 or tx9)**　必須。質問項目が10個程度なら R出力『tx3 # 回転

後の因子負荷量（**項目番号順**）』から作成（Table 13-4）。10 個程度以上ならR出力『tx9 # 回転後の因子負荷量（**値の大きい順**）』から作成。

下線部**イ**の，○○に関する内容を考えるところは，ユーザー自身の推理力とセンスに依存します。ということは，同じ分析結果でも，人によって異なるレポートになるということです。因子分析は，因子らしきものを取り出しますが，相関関係の数値でまとまっているというだけであり，意味的に考えてまとまっているというわけではありません。以下はレポート例ですが，どんな因子が見つかったのか（因子の内容）についてはまさに一例にすぎません。なお省略可とされたものは省いています。

▢ レポート例 13-1

各項目の基本統計量を Table 13-3 に示す。

Table 13-3　各項目の基本統計量（N = 15）

項目	Mean	SD	min	max	M−SD	M+SD
x1	4.00	1.20	2	6	2.80	5.20
x2	4.07	1.53	1	6	2.53	5.60
x3*	2.47	1.30	1	6	1.16	3.77
x4	3.47	0.92	2	5	2.55	4.38
x5	3.53	1.41	1	6	2.13	4.94
x6	4.73	1.16	2	6	3.57	5.90

注）項目内容は Table 13-1 参照。* は逆転項目。
　　SD は不偏分散の平方根。得点範囲 1 − 6 。

因子分析前に行った主成分分析によるスクリープロット_{エ）}は 2 因子解を示唆し，また平行分析も 2 因子解，**MAP**（最小平均偏相関）も 2 因子解を示唆した。
　これらの結果及び先行研究の知見_{オ）}から 2 因子解を適当と判断し，最尤法により因子抽出を行った。その結果，適合度は良好と判断された（**RMSEA**=0.000, 90%**CI**　0 − 0.410）。また，情報量規準 **BIC** も他の因子数と比べて 2 因子解を支持し，**SABIC** も 2 因子解を支持した。_{カ）}　そこで，バリマクス回転を行って Table 13-4 に示した因子負荷量を得た。

Table 13-4　Varimax 回転後の因子負荷量

項目	FI	F2	共通性
x1	0.805	0.148	0.670
x2	0.832	0.237	0.749
x3	-0.891	-0.065	0.798
x4	0.096	0.934	0.882
x5	0.460	0.737	0.756
x6	0.020	0.709	0.503
説明分散	2.356	2.002	
寄与率	0.393	0.334	
累積比率	0.393	0.726	

　Table 13-4 において，因子負荷量の絶対値 0.400 以上の項目内容に基づいて因子を解釈・命名することにした。

　因子 1（F1）について，項目 x2・項目 x1・項目 x5 にプラスの負荷量を示し，項目 x3 にマイナスの負荷量を示していることから，良好な人間関係に関する内容と解釈し，『対人良好性』因子と命名した。

　因子 2（F2）については，項目 x4・x5・x6 にプラスの負荷量を示していることから，自己の健康や楽しい活動に関する内容と解釈し，『自己良好性』因子と命名した。人々の幸福感はこれら 2 つの因子により規定されることが示唆された。

結果の読み取り

　通常，**因子分析は 2 回実行**します。上記の『結果の書き方』と『レポート例』は，すでに 1 回めの因子分析をすませた後で（1 回めの結果はチェック後破棄），実は 2 回めの因子分析の出力です。2 回め以降で正式な結果を得るのです。全体の手順は以下のようになります。手順どおりに読み取っていきましょう。

①1 回めの因子分析　　※とにかく【計算！】
②不良項目のチェック　※基本統計量の *M* ± *SD* を見る
③因子数の決定

④回転法の選択

⑤２回めの因子分析　※この実行後，正式の『結果の書き方』を得る

⑥因子の解釈と命名

① 1 回めの因子分析

　欠損値の処理が済んだデータを入力後，とにかく各種設定は初期値のまま
で【計算！】ボタンをクリックします。ただし項目数が多いときは，STAR
画面の［因子数］を，項目数÷４か，項目数÷５に設定してください（項目
数 12 個なら因子数 = 3，項目数 30 個なら因子数 = 6 に設定する）。

②不良項目のチェック

　基本統計量の *M* ± *SD* を見て，不良項目のチェックを行います。天井効
果・フロア効果があれば，その項目を除外します（STAR 画面で項目のチェッ
クボックスの☑を外す）。回帰分析の場合と同じです（Chapter 12，p.179 を
参照）。本例は全項目の *M* ± *SD* が得点範囲 1 － 6 に納まっていたので何も
しません。全項目を採用します。

③因子数の決定

　レポート例の下線部**エ～カ**が因子数の決定の検討部分です。因子数をいく
つにするかは，近年の研究の発展により何種類もの参考指標が提案されてい
ます。古典的な良くないものを除けば，どの指標もそんなに優劣はありませ
ん。複数の指標が一致し，かつ，ユーザー自身が思っていた因子数を支持し
てくれる指標を選ぶようにします。この R プログラムでは以下の 6 つの指
標を提供します。

* **スクリープロット**（崖図）：R グラフィックスを見て，崖のような大き
な落差が生じた直前の因子数を適当とします。"崖"かどうかはユーザー
が見た目で判断します。その意味で『結果の書き方』には【※要確認】
と出力されています。

* **平行分析**：乱数シミュレーションで偶然に生じる"崖"より大きな落
差が生じる直前の因子数を適当とします。R プログラムが "Parallel

analysis suggests # factors ..”(# ＝数字）と何因子がよいか推薦のメッセージを表示します。

* *MAP*（最小平均偏相関）：Minimam average partial correlation の値が最小になる因子数を適当とします。R 出力『平均偏相関』に *MAP* の値が並べられて表示されます。左端から１因子，２因子，３因子…のときの値です。最小の値が何番めにあるかを見ます。それが推奨数です。

* 先行研究の知見：同じテーマを扱った先行研究が採用した因子数を適当とします。そうした先行研究があるかどうかは【※要確認】です。これが最も説得力のある決め方ですが，特に該当がなければ，あるいは先行研究の因子数を批判しようとするのが研究の目的であれば，下線部**オ**は削除してください。

* 適合度：特定の因子数のモデルとデータとの当てはまりの程度を表します。適合度も種類が多いですが，*RMSEA*（root mean square error of approximation）が信頼が厚いようです。計算上は χ^2 値から算出され，意味的にはズレ（非適合度）なので，*RMSEA* の値は小さいほど良いとされます：良好 < 0.05，許容 < 0.10，不適合 > 0.10。*RMSEA* の 90% 信頼区間推定の上限も 0.10 未満なら理想的です。R 出力『因子数の検討』を見れば，異なる因子数で *RMSEA* を比べることができます。

* 情報量規準：*BIC*, *SABIC*（sample-size adjusted *BIC*）も小さいほうが良い因子数です。*BIC* は母集団推定値の個数を，*SABIC* は標本サイズをペナルティとした評価値を与えます。*BIC, SABIC* のどちらを見るべきかというより，どちらかが支持してくれるなら，その因子数が適当と考えます。

本例では圧倒的多数の指標が，因子数 = 2 を支持したので，その因子数を採用します。因子数決定後は，「２因子解」「２因子構造」「２因子モデル」などと表現します。

④回転法の選択

回転法（rotation method）とは，因子と項目の相関を高めるための計算法です。１回めの因子分析で計算した因子と項目の相関（因子負荷量として

後出）を，2回めに再計算し，両者の相関が大きくなるようにします。因子数 = 2以上ではそのような回転計算が可能で，因子の解釈が容易になるため積極的に行います。

　回転法の選択は，STAR画面のRオプション［回転法の選択］で行います。回転法の選択肢も多いです。

- Varimax（バリマクス）：因子同士が相関しないように回転する（直交回転）。
- Promax（プロマクス）：直交回転をターゲットに直交制約なしで回転する（斜交回転）。
- oblimin（オブリミン）：ターゲットなし，直交制約なしで回転する（斜交回転）。
- cluster（独立クラスタ）：特定の因子に特定の項目群を所属させる（斜交回転）。
- varimax（正規化バリマクス）：初期計算値を正規化後にバリマクス回転を行う。
- promax（正規化プロマクス）：初期計算値を正規化後にプロマクス回転を行う。

　文末のカッコ内の直交・斜交回転に大別されます。特に上の2つがよく使われます。どれを選んでも「ダメ」ということはありません，そう言う人はいるかもしれませんが（詳細は『統計的概念・手法の解説』を参照）。

　因子分析は分散分析と違って“一発勝負”ではないので，いろいろと設定を変えて何回も試行錯誤してみるのが，本来の使い方です。その意味では因子数を変えた実行も（③に戻りますが）常にあります。出力された結果について，次項の『因子の解釈と命名』が最もうまくいく（最も説得力ある解釈ができる）結果が一番“正しい”結果です。上記の「正規化…」が付いた回転法も，正規化すれば妥当な因子が見つかるという数理も論理もまったくありません。むしろ数値変換の操作（カイザーの正規化という）が一つ加わるだけ技法偏重で苦労している感がにじむのであまり好まれないようです。

　なお，因子抽出法については**最尤法**が定番です。他の抽出法もありますが，

最尤法に優るものはないようです（信頼性の受けがよい）。劣らず受けのよいものとしては**最小残差法**が今後そうなるかもしれません。

⑤ **2回めの因子分析**の実行

　因子抽出法＝最尤法，因子数＝2，回転法＝バリマクス回転と決めることにします。それらの設定を変えて【計算！】ボタンをクリックします。**設定変更後の実行は，手順1・手順2を省いて，［手順3］をRにコピペするだけでOKです（不良項目の削除後の再計算も手順3だけ）**。最終的に，試行錯誤の果ての最後の因子分析の結果を正式な『結果の書き方』として採用します。

⑥因子の解釈と命名

　Table 13-4の見出しに書かれたF1, F2が，「因子1」「因子2」を表します（Fは因子Factorの頭文字）。掲載されている数値は，各項目の**因子負荷量**（factor loading）といいます。

　項目の因子負荷量とは，その項目が因子に支配されている程度を表します。実質的に，因子負荷量は項目（x#）と因子（F#）の相関係数です。したがって2乗すると説明率（％）になります。たとえばx1の因子負荷量＝0.805は，x1のデータの動きの$0.805^2 ≒ 65\%$が，因子1に規則的に支配されていることを意味しています。すなわち，x1の内容「困ったとき助けてくれる人がいる」の評定について，その評定値の動きの65％を因子1が規則的に支配するということです。

　こうした相関関係・支配関係をもとに，たとえばx1の評定を動かしたがる因子1とは何か…その正体を推理します（**因子の解釈**）。因子解釈の手順は以下のとおりです。

＊因子負荷量（絶対値）0.40以上の項目x#を因子解釈に採用する
＊採用したプラスの因子負荷量を示すx#同士に共通する内容を推理する
＊推理した内容の反対内容がマイナスの因子負荷量のx#に当てはまるか確かめる
＊推理した内容にふさわしい名前を因子に付ける（**因子の命名**）

この手順を因子1（F1）について実行すると，Table 13-4において，まず因子負荷量が絶対値0.40以上を示すx1, x2, x3, x5を因子解釈に採用します。次に，このうちプラスの値を示したx1, x2, x5に共通する内容を推理します（下記，カッコ内は因子負荷量）。

　　x1　困ったとき助けてくれる人がいる。（0.805）
　　x2　自分は愛されていると感じる。　　（0.832）
　　x5　日常生活に喜びや楽しさを感じる。（0.460）

　共通する内容は，好ましい他者の存在と，そこから生まれる愛情や喜び…のようです。このように推理したら，この反対の内容が，マイナス負荷量（-0.891）の項目x3「…孤独を感じる」に当てはまるかどうかを確認します。どうも反対内容の，親しい他者の不在や寂しさをx3は示すようです。すなわち，この因子1は，対人関係が良好であるかどうかをたずねる項目に敏感に反応し，その評定を支配するために登場してくる因子であることがわかります。そこで，その正体にふさわしい名前を付けます。

　因子の命名の仕方は，単極的命名と両極的命名の2通りがあります。**単極的命名**は「対人良好性」「良い人間関係性」など，良いほうの極（または悪いほうの極）を前面に出します。**両極的命名**の例は「対人関係性」「人間関係性」など，良い・悪いのどちらの極も表現せずに単なる次元名だけにします。この例題は「人々が幸せを感じるとき」を問題にしていますので，単極的命名を採用しています。もし，幸福と不幸はいかに決まるかを趣旨とするならば，両極的命名が適切でしょう。

　なお因子解釈の手順中，マイナスの負荷量を示した項目がなければ，その手順は飛び越しとなります。本例の項目x3は逆転項目なので，他の項目がプラスなのにマイナスの因子負荷量（-0.891）を示しましたが，データ入力時に逆転項目の処理をしておけば，x3の因子負荷量もプラスになります。そうするかどうかは任意です。いずれにしろ，どれが逆転項目かを承知していれば問題ありません。

13.3 統計的概念・手法の解説

●因子軸の回転法

因子分析の真価は，因子の抽出よりも，その後の回転計算にあるといっても過言ではない。これは2因子から可能になる。2因子をタテ軸・ヨコ軸にとった平面空間（3因子以上は立体空間）の中に，因子負荷量を座標とした項目を固定しておき，因子軸のほうを回転させて項目に近づける。そのようにして，各項目の座標（因子軸に対する負荷量）が一方の因子に大きく偏るように変化させる。

Table 13-5 に回転前の負荷量と回転後の負荷量を示した。回転前の負荷量はSTAR画面のRオプション［回転法］を［回転なし］に設定して【計算！】すれば得られる。次頁のイメージ図と対応させて見ると，x1, x2 の負荷量が因子2でマイナスからプラスの0.1や0.2程度の値に転じたこと，また特にx3，x4，x6 の負荷量が他方の因子ではほとんどゼロになってしまったことがわかる。これを**単純構造**になったと表現する。対表現は（多）**重構造**であり，回転前の x1，x3，x6 などは因子1・因子2の負荷量が同程度なので，「重構造を示している」というような言い方をする（良いことではない）。

Table 13-5　直交回転の前後の因子負荷量

項目	回転前			回転後	
	F1	F2		F1	F2
x1	0.628	−0.526		0.805	0.148
x2	0.714	−0.490		0.832	0.237
x3	−0.618	0.645	⇒	−0.891	−0.065
x4	0.781	0.522		0.096	0.934
x5	0.861	0.116		0.460	0.737
x6	0.559	0.437		0.020	0.709

次頁の回転図は，両軸を直角に保ったまま回転させている。これを**直交回転**という。直交制約がなければ，さらにもっと因子軸を項目に近づけられるかもしれない。それゆえ直交制約を外した**斜交回転**のほうが単純構造を得られやすい。その代わり回転後の因子軸は多かれ少なかれ交差し，**因子間相関**が生じる

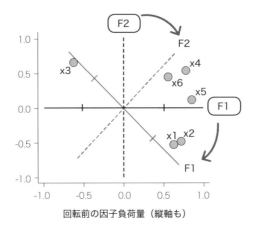

回転前の因子負荷量（縦軸も）

（因子軸が完全に重なれば因子間相関＝1となる）。因子が似ている分をいかに因子解釈に反映させるか，微妙な推理を要求される場合がある。

　こうした直交回転と斜交回転の選択には議論がある。科学研究の精神は単純化にある。人間や社会の複雑な事象を（相乗作用にすぎないから）シンプルに見ようというのなら，直交回転を選ぶ。複雑な事象を（複雑なのだから）複雑なまま捉えたいというのなら，斜交回転を選ぶ。発見的手続き（ヒューリスティクス）としては，まずバリマクス法（直交回転）を選び，因子解釈がうまくいかなければ，斜交回転を選び直して再分析する。機械的手順（アルゴリズム）としては，まずプロマクス法（斜交回転）を選び，因子間相関が小さければ（0.30以下なら），直交回転を選び直して再分析する。

● **共通性と独自性**

　因子負荷量の表（Table 13-4）の見出しにある **共通性** （communality）とは，（他の項目と同じ）共通の因子によって支配されている割合（％）を意味する。たとえば項目 x1 の共通性＝ 0.670 は，因子1・因子2の負荷量の2乗の合計である（$0.805^2 + 0.148^2 = 0.670$）。すなわち，x1 のデータの動きの67％は共通の因子によって支配されているということである。共通性の対語は **独自性** （uniqueness）である。項目 x1 の共通性が67％なら，x1 の独自性は33％である。共通性の大きい項目は他の項目と共通した内容を考えやすく，因子解釈に適している。反対に，共通性が小さく独自性が大きい項目は推理材料にな

らない。共通性＝0.20未満の項目を因子解釈に用いるのは要注意である。

　通常，共通性は1を超えることはないが，計算上，共通性＞1となるケースが生じることがある。これは **Heywood（ヘイウッドケース）** と呼ばれる。好ましくないが，因子分析は続行される。共通性が1を超えたら，「Heywood ケースが生じたが，分析を続行した」と一言述べてすませる。または，因子の抽出法を最尤法から最小残差法に変えてみる（推奨するが改善はあまり期待できない）。あるいはデータを取り直す。

●因子負荷量のカットオフライン（切り捨て基準）

　本例では，因子解釈に用いる項目を因子負荷量＝0.40以上の項目に絞った。0.40未満の項目は"切り捨てた"ので，この0.40をカットオフラインと呼ぶ。カットオフラインは高ければ高いほどよい。因子解釈の信頼性が上がる。本例は0.50，さらに0.60に設定してもよかった。

　Rプログラムは初期設定0.40であるが，これを変更するときは，STAR画面・手順3枠のRプログラム（下記部分）を，CutF=0.40から，CutF=0.50と書き換えて再実行する（『結果の書き方』を修正したほうが早いかもしれない）。なお，下行のCutS=0.40は別の基準であり，尺度化に用いる項目を絞るときのカットオフラインである（『応用問題』で扱う）。通常，同値にするので，上下同時に書き換えると後々面倒がない。

```
CutF=0.40　# 因子解釈のカットライン
CutS=0.40　# 因子尺度化のカットライン
```

応用問題
斜交回転から尺度化へ

　多変量解析の実例データとしてよく用いられる"HolzingerSwineford1939"を因子分析しなさい。これはアメリカの中学校生徒301人を対象とした知能検査のデータであり，Rパッケージ"lavaan"に所収されている。そのうちTable 13-6に示した9項目のデータが『XR例題データ』に入っているので，これ

をSTAR画面に貼り付ける。検査項目の内容上，3因子が抽出されることがすでに知られている。そこで，1回目の因子分析を［因子数］＝2で実行してみて，各種の参考指標の値を見ながら，2回目の因子分析では因子数＝3に設定したほうがよいかどうかを判断しなさい。

Table 13-6　検査項目の名称

項目	名　称
x1	視知覚
x2	立方体知覚
x3	ひし形知覚
x4	文章理解
x5	文完成
x6	単語の意味
x7	足し算（速算）
x8	ドットのカウント
x9	文字の識別

分析例

　データは，必ず事前に，①欠損値の処理，②逆転項目の処理，③不良項目の処理をすませておかなければなりません。この点，"HolzingerSwineford1939"のデータは完璧です。問題ありません。

　因子分析のメニューをクリックし，参加者数＝301，項目数＝9を設定します。大窓を開き，『XR例題データ』からデータを貼り付けて【代入】をクリックします。データが入ったことを確認し【計算！】ボタンをクリック　→手順1〜手順3を実行します（1回めの因子分析）。

　1回めの因子分析は，因子数をいくつにするかを決めますので，出力された『結果の書き方』のその部分（下記）を見ます。

　　因子分析前に行った主成分分析によるスクリープロット（Figure■参照）は2因子解を示唆し【※要確認】，また平行分析は3因子解，MAP（最小平均偏相関）は2因子解を示唆した。

これらの結果及び先行研究の知見【※要確認】から2因子解を適当と判断し，最尤法により因子抽出を行った。その結果，適合度は不十分と判断された（RMSEA=0.138，90%CI 0.116-0.161）。参考までに，バリマクス回転を行って Table(tx3 or tx9) に示した因子負荷量を得た。

　因子数 = 2，すなわち2因子解は評価が良くないようです。各種の指標について検討していきましょう（先行研究の知見は除く）。

*スクリープロット："崖"は2因子後ではなく3因子後に現れている。
*平行分析：3因子を示唆している。
* *MAP*（最小平均偏相関）：2因子を示唆。だが3因子がわずかの差で次点になっている。
*適合度 *RMSEA*：2因子は *RMSEA*=0.138 で不十分。R出力『因子数（NF）の検討』を見ると NF=3 から *RMSEA* < 0.10 に改善されることが示されている。
*情報量規準：2因子を支持する記述なし。R出力『因子数（NF）の検討』を見ると *BIC* は3因子，*SABIC* は4因子を支持している。

　以上より，初期設定の因子数 = 2 を，やはり因子数 = 3 に変えて再分析したほうがよさそうです。少なくとも *RMSEA* < 0.10 で，かつ2個以上の指標が支持することを一応の目安とします。各指標が異なる因子数を支持するときは因子の抽出に失敗したと考えてください。
　回転法も元の研究者たちにならってプロマクス法（斜交回転）を選択してみます。これで2回めの因子分析を行います（**設定変更後は【計算！】→手順3のコピペだけで OK**）。
　今度は，矛盾のない一義的な『結果の書き方』が得られましたので，これを修正し，レポートに仕上げることにします。

Chapter 13

各項目の基本統計量を Table 13-7 に示す。

Table 13-7　各検査項目の基本統計量（N = 301）

項目	Mean	SD	min	max	M−SD	M+SD
x1	4.94	1.17	0.67	8.50	3.77	6.10
x2	6.09	1.18	2.25	9.25	4.91	7.27
x3	2.25	1.14	0.25	4.50	1.12	3.38
x4	3.06	1.16	0.00	6.33	1.90	4.23
x5	4.34	1.29	1.00	7.00	3.05	5.63
x6	2.19	1.10	0.14	6.14	1.09	3.28
x7	4.19	1.09	1.30	7.43	3.10	5.28
x8	5.53	1.01	3.05	10.00	4.51	6.54
x9	5.37	1.01	2.78	9.25	4.36	6.38

注）検査項目の名称は Table 13-6 参照。

　因子分析前に行った主成分分析によるスクリープロットは3因子解を示唆し，また平行分析も3因子解を示唆した。

　これらの結果から3因子解を適当と判断し，最尤法により因子抽出を行った。その結果，適合度は許容範囲内と判断された（*RMSEA*=0.054, 90%*CI* 0.015 − 0.088）。また，情報量規準 *BIC* も他の因子数と比べて3因子解を支持した。そこで，プロマクス回転を行って Table 13-8 に示した因子負荷量を得た。因子間相関は Table 13-9 のとおりである。

Table 13-8　プロマクス回転後の因子負荷量

項目	因子1	因子2	因子3
x1	0.146	0.624	0.008
x2	0.007	0.528	−0.136
x3	−0.122	0.716	−0.001
x4	0.841	0.019	0.002
x5	0.896	−0.075	0.007
x6	0.804	0.077	−0.016
x7	0.047	−0.177	0.736
x8	−0.048	0.089	0.706
x9	0.002	0.368	0.455

注）検査項目の名称は Table 13-6 参照。

Table 13-9　因子間相関

	因子 I	因子 2	因子 3
因子 I	1.000	0.399	0.239
因子 2	0.399	1.000	0.339
因子 3	0.239	0.339	1.000

　Table 13-8 において，因子負荷量の絶対値 0.40 以上の項目内容に基づき，因子間相関を加味して_{キ)} 因子を解釈・命名することにした。

　因子 1 について，項目 x5・x4・x6 にプラスの負荷量を示していることから，言語能力に関する内容と解釈し，『言語力』因子と命名した。

　因子 2 については，項目 x3・x1・x2 にプラスの負荷量を示していることから，視知覚・空間認知に関する内容と解釈し，『視覚力』因子と命名した。

　因子 3 については，項目 x7・x8・x9 にプラスの負荷量を示していることから，識別の正確さや処理のスピードに関する内容と解釈し，『認知速度』因子と命名した。

　正の因子負荷量 0.40 以上の項目を用いて尺度化を行った_{ク)} 結果，項目 x4, x5, x6 の素点合成_{ケ)} による尺度 1 について，Cronbach の a 係数_{コ)} は 0.883 であり，十分な内的一貫性が得られた。また，項目 x1, x2, x3 の素点合成による尺度 2 については a 係数は 0.626 であり，十分な内的一貫性は得られなかった。項目 x7, x8, x9 の素点合成による尺度 3 については a 係数は 0.688 であり，不十分ながら許容範囲に近い内的一貫性が得られた。なお，尺度の番号は因子番号に対応している。

結果の読み取り：最尤法，プロマクス回転，項目の尺度化

　斜交回転の場合，因子負荷量の Table 13-8 には「共通性」「説明分散」などを掲載しません。これは因子間相関があるため，個々の因子固有の値にならないからです。代わりに，斜交回転の場合，Table 13-9 のような因子間相関を掲載します。本例の 3 因子間には 0.20 ～ 0.40 未満の弱い相関が見られます。この程度なら直交因子とみなして，下線部**キ**のように「相関を加

味して因子を解釈」と記述はしておいても，実質的には独立の因子として解釈・命名を行ってもかまわないでしょう。

　結論として，知能検査の9項目は，3因子の能力を測定していることが明らかになりました。すなわち「言語力」「視覚力」「認知速度」です。それぞれは弱い相関を示しますが，比較的独立しているものとみなすことができるようです。

　さて，因子分析が終わって，下線部**ク**から尺度化の記述になります。これは**尺度構成**または**テスト開発**を目的とします。基本的に，1因子につき1尺度（ものさし，スケール）を作成します。つまり因子負荷量の高い項目（因子負荷量0.40以上）を選び出し，それらの素点の合計値（または1項目当たり換算値）を**尺度得点**とします。こうした素点の単純な足しあげを**素点合成**と呼びます（下線部**ケ**）。

　こうして生徒が検査に解答した時点で，（因子分析をしなくても足し算だけで）個々の生徒の「言語力」や「視覚力」などの尺度得点を計算できるわけです。これが尺度化の目的です。

　R画面のオプション［因子得点と尺度得点］を実行してみてください。実際に，301人の生徒の尺度1〜尺度3の得点（1項目当たり換算値）が表示されます。なお同時に表示される因子得点は，（因子負荷量の大きい項目だけでなく）全項目の因子負荷量をもとに平均 = 0，SD = 1 に標準化した得点であり（正確には**標準化因子得点**という），これを個々の生徒の新たなデータとして学年差や男女差の検定などに用いることができます。

　標準化因子得点と違って，尺度得点は因子負荷量0.40以上の項目に限定した後は，その先，負荷量の大小を考慮せず（同じ重みとして）足しあげてしまいます。したがって，選ばれた項目 x4，x5，x6 がどれも等しい程度に「言語力」を測っているとは必ずしも保証されません。

　そこで尺度化のとき，Cronbach（クロンバック）の**α係数**で信頼性を評価します（下線部**コ**以降）。この信頼性は**内的一貫性**，内的整合性などと呼ばれています。たとえば「言語力」の尺度の3項目がまったく同じものを測定しているなら，*a*係数 = 1 になります。どの項目も同じように一貫して「言語力」を測っていることが保証されます。*a*係数の経験的評価基準は，良好

＞0.80，許容＞0.70であり，0.70未満は内的一貫性が保証されず，その尺度の信頼性は低いとされます。本例では，因子2から作成した尺度2（x1, x2, x3の合成得点）が a = 0.626で十分な信頼性を得られませんでした。それらの項目が同一のものを測定しているという信頼性がないということです。

　なお，尺度化に用いる項目は，RプログラムではR因子負荷量0.40以上と設定していますが，これも，もっと値を上げられるのなら上げたほうが a 係数も上向きます。変更するときは，STAR画面・手順3枠のRプログラムの下記部分，CutS=0.40（下の第2行）を書き換えて実行してください。

```
CutF=0.40   # 因子解釈のカットライン
CutS=0.40   # 因子尺度化のカットライン
```

13.4　統計的概念・手法の解説2：因子分析からSEMへ

　近年，因子分析は，本書Chapter 15のSEM（構造方程式モデリング）の予備分析として用いられることが多くなった。すなわち，因子について仮説のない状態から，まず因子分析で予備的・探索的に因子を見いだしておいて，次にSEMで本格的にその因子と項目との関係を確証し，さらに背景的な因子構造を探究するという研究戦略が定着しつつある。

　直交解と斜交解のどちらが適当かという問題も，実はSEMで扱うことができる。しかし，単に因子の発見にとどまらず，見つかった因子同士の相関構造に関心がある場合は，基本的に因子分析には斜交回転を用いる。因子間相関＝ゼロとしてしまっては，もはやそれ以上の相関構造は探究できない。ただしSEMを使いたいので斜交回転を選んだというのでは本末転倒である。

　本例は「言語力」「視覚力」「認知速度」の3因子が斜交因子として見いだされた。これはまさにSEMの予備分析になっている（Chapter 15で発展的分析を行う）。

　なお，本章の因子分析メニューの中でも，発展的に高度の構造モデルを当て

はめてみることができる。R 画面のオプション［高次因子構造］が一つの定型の構造モデルの当てはめである。このオプションを実行すると，＞形の図が描かれる（下図左）。右端に頂点が設けられて"高次因子"が置かれる。それが斜交解の 3 因子を支配しているという高次構造である。付記される因子負荷量が 0.40 以上なら，このモデルは有力である。

　もう一つのオプションは［階層因子構造］である。実行すると，＜＞形の図が描かれる（下図右）。右端に斜交 3 因子が置かれて，左端に一般因子"g"が設置される。これも g から各項目への因子負荷量が 0.40 以上なら有力である。

　実際に実行してみると，どちらのモデルも有望である（因子負荷量 0.40 以上が散見される）。どちらの構造モデルが適当かという問題はまさに SEM の領分であるが（Chapter 15 の応用問題で扱う），実は今の時点でも R 画面に出力された各種統計量から判断することができる。この R 画面のオプション［高次因子構造］と［階層因子構造］は，**オメガ係数**という信頼性係数を利用した因子構造分析であり，SEM の予備分析とされては同手法に失礼であるが，本書はオプションにとどめて立ち入らない。志ある方々はぜひ学んでいただきたい。

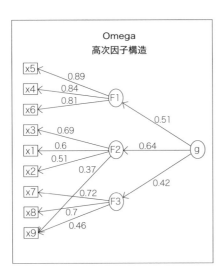

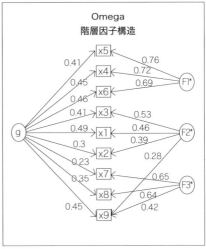

Chapter 14 クラスタ分析

2020年世界的大流行（パンデミック）にいたった新型感染症COVID-19で"クラスタ"という用語が有名になりました。距離的に密接した者同士のグループを表します。つまり感染可能な密度をもったグループを意味しています。統計分析で用いられるクラスタも，原意は同じです。クラスタ分析は，何らかの影響を及ぼし合ったり特定の性質を共有し合ったりする，密接・近接・類似したモノ同士を見いだそうとします。

他の多変量解析の手法と違って，クラスタ分析は相関関係に基づかない手法ですので，データの制約はほとんどありません。順位データにも使用可能です。ただし，用いる変数の間隔が異なるときは（3変数が満点10, 50, 100のように異なる場合），間隔を揃えるために標準化する必要があります（設定時）。

基本例題　似ているゆるキャラをグループ分けしてみよう

大学生50人を対象に，ゆるキャラ15体の全身画像またはネームを無作為に1人に4〜5体提示した。全身画像を提示した参加者には「デザインの良さ」，ネームを提示した参加者には「ネーミングの良さ」を「非常に良い」「かなり良い」「少しは良い」「ふつう」「良くない」の5段階で評定してもらった。得点化は肯定側から[5, 4, 3, 2, 1]とした結果，Table 14-1のデータを得た。クラスタ分析で，ゆるキャラ15体をグループ分けし，個人差（キャラ間の個性の違い）を見いだしなさい。

Table 14-1　ゆるキャラ15体の平均評定値

No	キャラ名称	デザイン	ネーム
1	あゆポン	2.0	3.1
2	チャラ王子	2.0	4.4
3	パリーさん	4.0	3.8
4	くまタン	4.0	4.4
5	ガンマくん	4.0	4.4
6	とっちゃん	3.3	2.5
7	えびーワン	4.7	3.1
8	パーパくん	4.7	2.5
9	ゆきカク	4.7	4.4
10	ふっこん	3.3	3.1
11	カプっこ	2.0	4.4
12	まんまる	2.6	4.4
13	みくさん	3.3	4.4
14	ミーみゃん	3.3	1.8
15	しらねっち	4.7	1.8

注）評定値は6〜10人の平均値。

14.1 データ入力

　因子分析は変数をまとめる手法でしたが，**クラスタ分析**（cluster analysis）はデータを与えた参加者（ここではゆるキャラ）のほうをまとめる手法です。Table 14-1 を一見しただけでも，「くまタン」と「ガンマくん」は変数の値（4.0, 4.4）がまったく同一であり，酷似したキャラとして同じグループにまとめられることがわかります。そのように互いの変数の差に基づいて，ゆるキャラ同士の距離（近さ・遠さ）を計算し，近いモノ同士を束ねてゆく手法がクラスタ分析です。クラスタは"くくられた束"を意味します。

　データ入力の前に，欠損値の処理をすませておきます（Chapter 12, p.173 を参照）。

▶▶ データ入力：他ファイルからデータを貼り付ける

❶ STAR 画面左の【クラスタ分析】をクリック　→設定画面が表示されます。

❷ 参加者数＝ 15，変数の個数＝ 2 を入力する　→データ枠が表示されます。

❸ 成員名［あり］を選ぶ　→成員名はクラスタ内のメンバーの名前です。

　　成員名の初期値は［なし］ですが，誰がどのクラスタに入ったかを知りたいときは［あり］を選択します。そして，ゆるキャラの固有名と変数（データ）を入力します。『XR 例題データ』にデータがありますので利用してください。

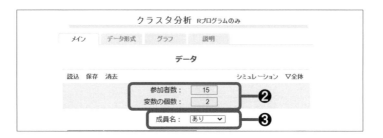

❹ データ枠の直下にある小窓をクリック　→小窓が大窓になります。

❺大窓に『XR 例題データ』のデータ（ゆるキャラの名前を含む）を貼り付ける　→【代入】をクリック

❻【計算！】ボタンをクリック　→『手順1』～『手順3』にプログラムが出力されます。

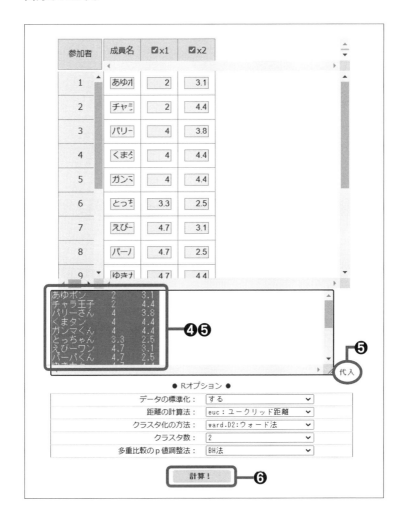

❼ 『手順1』の【コピー】をクリック　→R画面で右クリック　→ペースト

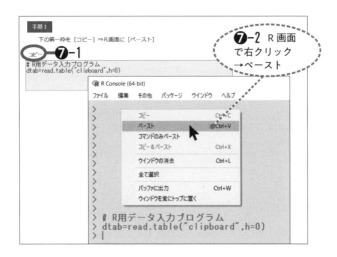

❽ 『手順2』の【コピー】をクリック　→R画面を（左）クリック　→キーボード
の【↑】　→【Enter】を押す
　→上と同じread.table… が貼り付けば成功です。やり直しは❼から。

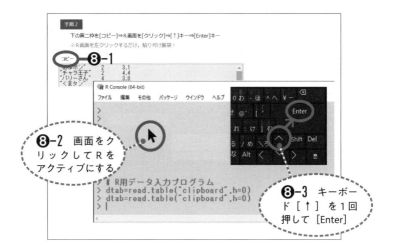

❾『手順3』の【コピー】をクリック　→ R 画面で右クリック　→ペースト
→出力された『結果の書き方』を文書ファイルにコピペし，修正を行い，
レポートに仕上げます。

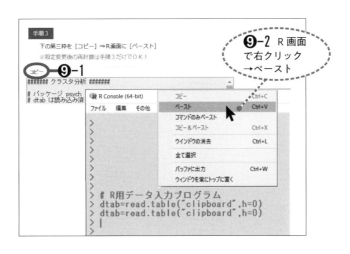

14.2　『結果の書き方』の修正

　因子分析と同じくクラスタ分
析も，1回めはクラスタ数を決
めるための"捨て回"です。ク
ラスタ数を決めて再実行し，正
式の『結果の書き方』をゲット
します。

　クラスタ数の決め方は，出力
された R グラフィックスの**デン
ドログラム**（dendrogram, 樹形
図）を見て（右図），次の方針
で水平線を引きます（水平線が
切ったタテ線の本数がクラスタ

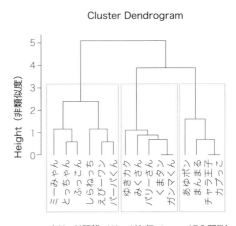

Cluster Dendrogram

ユークリッド距離，Ward 法（R の ward.D2 関数）

数になる）。デンドログラムの高さ（Height）が低いほど類似度は大きいので
…

　　＊なるべく低いところで水平に切る（クラスタ内の類似度が大きくなる）
　　＊なるべく切る本数を少なくする（クラスタ間の非類似度が大きくなる）

　すでに罫線で囲ってあるように，3クラスタが有力ですが，4クラスタもあ
るかもしれません。これも因子分析と同じく，クラスタ数を変えて何回も試行
錯誤し，できるだけクラスタ内が似た性質のメンバーになるようにし，かつ，
できるだけクラスタ同士が異なる性質のクラスタになるようにします。
　本例では3クラスタと決定します（もちろん後で4クラスタの実行も可）。
クラスタ数を決定したら，2回めのクラスタ分析を実施します：STAR画面で
クラスタ数＝3を選択→【計算！】をクリック→**手順3枠だけを**R画面にコ
ピペ。その際，他の設定については次のように選択します。

　　・データの標準化：初期値［する］を推奨。各変数の得点範囲が等しいなら
　　　　　　　　　　　　［しない］も可。
　　・距離の計算法：ユークリッド距離（通常の直線距離）に固定。他に選択肢
　　　　　　　　　　なし。
　　・クラスタ化の方法：ウォード法（ward.D2）推奨。群平均法，メディアン
　　　　　　　　　　　　法もよい。

　以上の設定をすませて（クラスタ数以外はすべて初期値推奨），2回めのク
ラスタ分析を実行します。あるいは何回も試行錯誤した果てに満足のいくクラ
スタ数において正式の『結果の書き方』を取得します。それが下記です。下線
部を修正します。Table, Figureについては下段の［図表一覧］にまとめます。

```
> cat(txt) # 結果の書き方
各変数の基本統計量をTable(tx1)に示す。
参加者15人ア）を対象に，変数 x1 x2 イ）を用いて標準化得点 （平均
```

=0，SD=1）のユークリッド距離を非類似度とした Ward 法（R の ward.D2 関数）によるクラスタ分析を行った。その結果，Figure ■に示したデンドログラムが得られた。

Figure ■において3クラスタを適当と判断した【※要確認】。

クラスタ相互のプロフィールを比較すると（Table(tx4) 参照），各クラスタの成員数について，カイ二乗検定の結果は有意でなく（$\chi 2(2)=0.4$, $p=0.818$, $w=0.163$），特に多数派・少数派のクラスタは見られなかった。

またクラスタ間で各変数の平均を分散分析によって比較した結果（Figure（クラスタ別の各変数の平均と SD）参照），変数 x1 については，クラスタ間の平均差が有意であった（$F(2,12)=14.376$, $p=0$, $\eta p2=0.706$）。分散の均一性について Bartlett 検定は有意でなかった（$\chi 2(2)=2.578$, $p=0.275$）。多重比較によると，CL1 ッ の平均 −1.346 が CL2 の平均 0.489 よりも有意に小さく（adjusted $p=0$），CL1 の平均 −1.346 が CL3 の平均 0.489 よりも有意に小さかった（adjusted $p=0$）。

変数 x2 についても，クラスタ間の平均差が有意であった（$F(2,12)=19.892$, $p=0$, $\eta p2=0.768$）。分散の均一性について Bartlett 検定は有意でなかった（$\chi 2(2)=2.546$, $p=0.279$）。多重比較によると，CL1 の平均 0.575 が CL3 の平均 −1.033 よりも有意に大きく（adjusted $p=0$），CL2 の平均 0.779 が CL3 の平均 −1.033 よりも有意に大きかった（adjusted $p=0$）。

なお多重比較はプールド SD による t 検定（両側検定）を用いた。

以上の分析における p 値の調整には Benjamini & Hochberg（1995）の方法を用いた。

［引用文献］
Benjamini, Y., & Hochberg (1995). Controlling the false discovery rate: A practical and powerful approach to multiple testing. Journal of the Royal Statistical Society Series B, 58, 289-300.

＞

ア 参加者 15 人を「ゆるキャラ 15 体」に置換します。
イ 変数 x1, x2 を「デザイン，ネームの評定値」に置換します。
ウ CL1 〜 CL3 をそれぞれ「クラスタ 1」〜「クラスタ 3」に置換します。

［図表一覧］
・**Table(tx1)** 必須。R 出力『基本統計量』から作成（Table 14-2）。
・**Figure ■** 必須。上掲の "Cluster Dendrogram" を整形して掲載します。
・**Table(tx4)** 掲載推奨。R 出力『クラスタのプロフィール分析』から作成。
・**Figure（クラスタ別の各変数の平均と SD）** 掲載推奨。上の **Table(tx4)** とどちらかを掲載（右頁 Fig.14-1 のように仕上げる）。

修正後のレポート例は以下のとおりです。クラスタのプロフィール分析の記述部分には，Figure を掲載することにしました（Fig.14-1）。

▢ レポート例 14-1

ゆるキャラのデザインとネームについて評定値の基本統計量を Table 14-2 に示す。

Table 14-2　**ゆるキャラ評定値の基本統計量**（N = 15）

評定項目	Mean	SD	min	max	M-SD	M+SD
デザイン	3.50	1.01	2.0	4.7	2.50	4.51
ネーム	3.50	1.00	1.8	4.4	2.50	4.50

注）評定値（範囲 1 〜 5）は 6 〜 10 人の平均値。
　　　SD は不偏分散の平方根。

ゆるキャラ 15 体を対象に，デザイン，ネームの評定値を用いて標準化得点（平均 =0, *SD*=1）のユークリッド距離を非類似度とした Ward 法（R の ward.D2 関数) によるクラスタ分析を行った。その結果，Fig.(Cluster Dendrogram) に示したデンドログラムが得られた。Fig.(Cluster

Dendrogram) において 3 クラスタを適当と判断した。

　クラスタ相互のプロフィールを比較すると，各クラスタの成員数について，カイ二乗検定の結果は有意でなく（$\chi^2(2)=0.400$, $p=0.818$, $w=0.163$），特に多数派・少数派のクラスタは見られなかった。

　またクラスタ間で各評定値の平均を分散分析によって比較した結果（Fig.14-1 参照），デザインの評定値については，クラスタ間の平均差が有意であった（$F(2,12)=14.376$, $p=0.000$, $\eta_\mathrm{p}^2=0.706$）。分散の均一性について Bartlett 検定は有意でなかった（$\chi^2(2)=2.578$, $p=0.275$）。多重比較によると，クラスタ 1 の平均がクラスタ 2 の平均よりも有意に小さく（*adjusted p*=0.000），クラスタ 1 の平均がクラスタ 3 の平均よりも有意に小さかった（*adjusted p*=0.000）。

　ネームの評定値についても，クラスタ間の平均差が有意であった（$F(2,12)=19.892$, $p=0.000$, $\eta_\mathrm{p}^2=0.768$）。分散の均一性について Bartlett 検定は有意でなかった（$\chi^2(2)=2.546$, $p=0.279$）。多重比較によると，クラスタ 1 の平均がクラスタ 3 の平均よりも有意に大きく（*adjusted p*=0.000），クラスタ 2 の平均がクラスタ 3 の平均よりも有意に大きかった（*adjusted p*=0.000）。

　なお多重比較はプールド *SD* による *t* 検定（両側検定）を用いた。

　以上の分析における *p* 値の調整には Benjamini & Hochberg (1995) の方法を用いた。

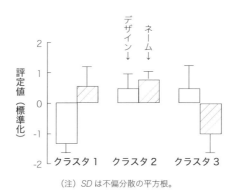

（注）*SD* は不偏分散の平方根。

Fig.14-1　各クラスタの評定平均と SD

　クラスタ分析の知見は，デンドログラムにかかっています（前掲 Cluster Dendrogram 参照）。タテ軸の高さは非類似度を表します。低ければ低いほど近似していることを示します。

　クラスタ分析は1回に1ペアずつ，最も類似した2対象を結びつけます。デンドログラムを見ると，最底辺のところで「くまタン」と「ガンマくん」，「チャラ王子」と「カブっこ」が線で結ばれています。これが一番最初のクラスタ化です。デンドログラムの最底辺で結ばれたということは非類似度が最小，すなわち類似度が最大であることを意味します。

　次順のクラスタ化は「とっちゃん」と「ふっこん」が結びつけられ，「えびーワン」と「パーパくん」が結びつけられました。これらのペアが，他の2者を組み合わせたすべてのペアの中で最も近接していたわけです。実際に Table 14-1 のデータリストで近似した値になっていることを確認してみてください。

　このようにして，クラスタ化が底辺から上のほうへ"樹木"が育つように進んでいきます。樹形図というよりトーナメント図ですが。どの高さで水平に切るかが，クラスタ分析の結論になります。前述した「なるべく低く，なるべく少なく（クラスタ数を少なく）」がカットオフ（水平切断）の要領です。複数の候補がある場合は両方実行し，R出力『クラスタのプロフィール分析』とヒストグラム（Fig.14-1）を見ながら，より明確な差が現れるクラスタ数を採用するようにします。差の検出は分散分析を自動的に実行しますが，もし誤差分散（SD^2）の均一性検定（Bartlett 検定）が有意のときはRオプションの［順位和検定］を実行してください。

　本例は3クラスタを適当と見ました。中央のクラスタ2には「くまタン」「ガンマくん」「パリーさん」など歴代のグランプリ優勝者が集まっています。やはり他のゆるキャラとは一線を画する特徴を共有していることが示唆されます。それは評定平均の比較でも明らかであり，デザイン，ネームともに，他のクラスタよりもずっと高い評価を受けていました。　※データは部分的に実測値をもとにしていますが，現存するゆるキャラとは一切関係ありません。

14.3 統計的概念・手法の解説：
クラスタ分析のバリエーション

●階層的クラスタ分析と平面的クラスタ分析

クラスタ分析には階層的手法と非階層的（平面的）手法がある。STAR は前者のみをサポートしている。**階層的クラスタ分析**は，本例のようなデンドログラムを作成し，クラスタ数を探索する。これに対して，**平面的クラスタ分析**は，最初からクラスタ数を k 個と決めてクラスタ化を行う（k-means 法が代表的手法として知られている）。

また，STAR 画面のオプションでは，距離の選択肢はユークリッド距離（通常の直線距離）しか設けていないが，これもマハラノビス距離やマンハッタン距離など，実際には何種類かある。標準化のあり・なしや，クラスタ化の各種手法を含めると，設定オプションは深入りすると戻れなくなるほど多種多様である。

●相関関係とクラスタリング

クラスタ分析に用いる変数は，相関が強いものは避けたほうがよい。たとえば相関の強い 2 変数があるときは，その 2 変数の回帰直線に沿ったクラスタが出来上がるにすぎない。それでも部分的に密集したり離散したりする変数域があるという知見が得られるかもしれないが，それはそれで相関の等散布性の問題を生じる。

相関しない直交的な変数同士ならば，クラスタ分析は，対象（者）が白色ノイズのように全面に均一に散布しているのか，それとも南の楽園のように海あり島あり（クラスタ島）の景観なのかを教えてくれる。そのように分析目的を発見的なものとするときは，R 出力『変数間の相関行列』をチェックして強い相関が見られた場合は一方の変数を除外して（STAR 画面で変数のチェックを外す），再実行してみると新たな知見が得られるかもしれない。

本例の 2 変数は $r = -0.287$ であり，問題はない。強い相関とされる $r = 0.70$ 以上の相関は要注意である。

因子分析からクラスタ分析へ

　Chapter 13の因子分析において，幸福感は「対人良好性」「自己良好性」の2因子で規定されることが見いだされた。では，実際に，参加者の幸福感はそれら2因子のどのような構成から生じているのか，クラスタ分析で参加者の実態を明らかにしなさい。

分析例

　これは因子分析からクラスタ分析へと進む例です。因子分析からの発展的分析として，手順を確かめながら分析していきましょう。

①因子分析を実行する

　まず，Table 13-2（p.192）のデータで因子分析を行います。

　＊ STAR画面左の【因子分析】をクリック
　＊参加者数＝15，項目数＝6
　＊『XR例題データ』のChapter 13の当該データを貼り付け

　手法の設定は，因子抽出法＝最尤法，因子数＝2，回転法＝バリマクス（Varimax）とします。これで，因子分析を実行し，Chapter 13の因子分析の結果を再現します。

②因子得点を入手する

　ここで，R画面の下方にあるオプション［因子得点と尺度得点］を実行します。因子得点・尺度得点が表示されます。これをコピーして（因子得点の数値部分だけ），クラスタ分析に使います。練習上の操作には『XR例題データ』に入っている因子得点データを使ってください。

③クラスタ分析を実行する

　続いて，STAR画面左の【クラスタ分析】をクリックします。

データ入力の設定は，参加者数＝15，変数の個数＝2，成員名＝なし，とします。『XR例題データ』の因子得点1・因子得点2のデータを，大窓に貼り付けて【代入】をクリックします。

手法の設定は，クラスタ数＝3としてください（本来先に決めませんが）。あとはすべて初期値のままにし，【計算！】ボタンをクリックします。

因子分析からクラスタ分析への手法のリレーが体験できたでしょうか。ここではクラスタ間の差を検定しましたが，同じようにして，因子得点を男女別に分けることができれば，分散分析を用いて性差の検定もできるわけです。もちろん，因子得点ではなくて，尺度得点を使うことも可能です（尺度得点の信頼性が確保されれば）。

さて，上記③のクラスタ分析の結果，3クラスタ間に有意な平均差が見いだされました。『結果の書き方』の当該部分は以下のようになります。

> cat(txt) # 結果の書き方
　……
　またクラスタ間で各変数の平均を分散分析によって比較した結果（Figure(各変数の平均とSD)参照），変数x1については，クラスタ間の平均差が有意であった（$F_{(2,12)}=8.444$, $p=0.005$, $\eta p2=0.585$）。分散の均一性についてBartlett検定は有意でなかった（$\chi 2(2)=3.561$, $p=0.168$）。多重比較によると，CL1の平均0.089がCL3の平均−1.818よりも有意に大きく（adjusted $p=0.007$），CL2の平均0.503がCL3の平均−1.818よりも有意に大きかった（adjusted $p=0.004$）。 エ)
　変数x2についても，クラスタ間の平均差が有意であった（$F_{(2,12)}=13.349$, $p=0$, $\eta p2=0.69$）。分散の均一性についてBartlett検定は有意でなかった（$\chi 2(2)=0.073$, $p=0.964$）。多重比較によると，CL1の平均−0.813がCL2の平均0.914よりも有意に小さかった（adjusted $p=0$）。 オ)
　……
>

多重比較によると，変数 x1「対人良好性」については，クラスタ３が一番低いようです（下線部**エ**）。また，変数 x2「自己良好性」については，クラスタ１がクラスタ２よりも低いようです（下線部**オ**）。それぞれの有意差を，下の R グラフィックスで確かめてください。

クラスタ別の各変数の平均と SD（標準偏差）

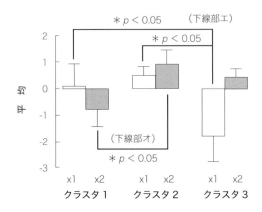

結果として，対人良好性と自己良好性の両方（x1, x2）とも低いという"二重苦"のクラスタは見いだされませんでした。個々人の幸福感は，クラスタ２のように両因子の良好さで決まりますが，これに対して"不幸感"はいずれか一方の因子の低さに由来するようです。落ち込んでいる人がどちらのタイプなのかを特定してサポートしてあげれば"立ち直れる"ということになります。　※架空のデータです。

人間の意識や感情を規定する（規則的に決定している）因子が見つかったとしても，それらの因子が実際に人々を一様に規定しているわけではありません。規定の仕方と強さで個人差が生まれます。クラスタ分析は，そうした個々人の実態をその人の"タイプ"や"スタイル"として見いだそうとする**個人差研究**において威力を発揮する方法です。

SEM：構造方程式モデリング （共分散構造分析）

SEM（structural equation modeling, **構造方程式モデリング**, 通称・セム）は，ユーザーが自由に作成した"モデル"を検証する手法です。このユーザーが作成するモデルを構造方程式と呼びます。それをデータに当てはめて優劣を判定するのでモデリング（良いモデルを作ること）というわけです。

これまでの回帰分析や因子分析は，手法の側でモデルを用意してあるので，データ入力後に即分析を始めました。しかし，SEM はユーザーによるモデルの作成を待っています。ユーザーがモデル（構造方程式）を与えてやらないと SEM は動かないのです。ユーザーによる構造方程式の作成は，回帰モデルと因子モデルを組み合わせてみたり，自分なりの独自の仮説をモデル内に持ち込んでみたりすることができます。SEM の登場前はそのような自由なモデル作りができなかったのが SEM によって可能になったのです。このため，ユーザーは構造方程式の作り方（モデル構築の言語）をある程度知っておく必要があります。本書では最小限の語彙と文法しか使いませんので，ぜひ SEM に特化した解説書を発展的に学んでください。

［参考］
・「lavaan Tutorial」 Y. Rosseel（著） 荒木孝治（訳） 2014 年（[lavaan チュートリアル]で検索）
・『共分散構造分析［事例編］』豊田秀樹（著） 北大路書房 1998 年
・『共分散構造分析［R 編］』豊田秀樹（編著） 東京図書 2014 年

なお，共分散構造分析という名称は「相関構造分析」と言っても同じです。以前，複雑な相関構造を一挙に分析できなかったのが，SEM によって誤差の蓄積なく計算可能になったことを唱っています。現在，同手法を道具的に用いてモデル選択をする有用性が SEM の真価とされていますので，モデリング法とする呼び方が一般的になっています。

幸福感の因子は直交するか斜交するか

Chapter 13・因子分析において，人々の幸福感を規定している潜在因子を探索し，対人良好性（F1）と自己良好性（F2）の2因子を見いだした（再掲 Table 13-4）。この2因子は直交因子であったが，斜交因子よりもデータへの適合がよいといえるだろうか。SEM（構造方程式モデリング）を用いて検証しなさい。

Table 13-4　Varimax 回転後の因子負荷量

項目	F1	F2	共通性
x1	0.805	0.148	0.670
x2	0.832	0.237	0.749
x3	-0.891	-0.065	0.798
x4	0.096	0.934	0.882
x5	0.460	0.737	0.756
x6	0.020	0.709	0.503

15.1　データ入力とモデル構築

再び，幸福感の因子分析データを使います。幸福感を規定する「対人良好性」と「自己良好性」は直交するのか（因子間相関 = 0 なのか），斜交するのか（因子間相関 ≠ 0 なのか）という問題です。

▶▶ データ入力：他ファイルからデータを貼り付ける

❶ STAR 画面左の【SEM（共分散構造分析）】をクリック　→設定画面が表示されます。

❷ 参加者数 = 15, 観測変数の数 = 6（項目）を入力する　→データ枠が表示されます。

　→データは因子分析のときと同じ，データを使います（再掲 Table 13-2）。

❸ データ枠の直下にある小窓をクリック　→小窓が大窓になります。

❹ 大窓に『XR 例題データ』からデータを貼り付ける

　→【代入】をクリックすると，データがデータ枠に入ります（ここまで Chapter13, p.193 の手順❹までと同一です）。

Table 13-2　幸福感項目の評定値

参加者	x1	x2	x3	x4	x5	x6
1	3	4	4	3	2	5
2	4	2	3	3	2	3
3	5	5	1	4	4	6
4	2	2	3	4	4	4
5	2	1	6	3	1	5
6	5	4	2	4	4	6
7	4	3	2	3	3	4
8	3	3	3	2	3	4
9	3	5	2	3	3	5
10	4	5	2	3	5	5
11	6	6	1	2	2	2
12	4	5	2	4	5	5
13	5	5	1	4	4	6
14	5	6	2	5	6	6
15	5	5	3	5	5	5

注）各項目は以下のとおり。＊は逆転項目。
　　x1 困ったとき助けてくれる人がいる。
　　x2 自分は愛されていると感じる。
　　x3 日々の生活で，孤独を感じる。＊
　　x4 自分は健康であると思う。
　　x5 日常生活に喜びや楽しさを感じる。
　　x6 夢中になり時を忘れることがある。

　因子分析ではこの後すぐに【計算！】をクリックしますが，SEMではこの後ユーザーによる『モデル構築』を行います。

❺『モデル構築』の欄に下図の2行を書き込む
　　→表示されたボタンで書き込むか，キーボードから入力し書き込みます。
　　　f1, f2は因子を表し（因子factorの頭文字），x1, x2…は項目を表します。

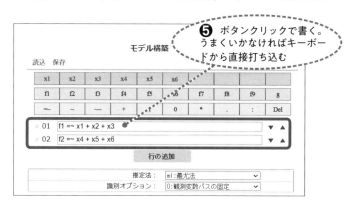

=˜ は支配（右向き支配）を表す記号です。

f1 =˜ x1+x2+x3 は因子 1 が x1 〜 x3 を支配することを意味します。

f2 =˜ x4+x5+x6 は因子 2 が x4 〜 x6 を支配することを意味します。

　このモデル（構造方程式）は，Chapter 13 の因子分析の結果を再現しよう
としています。つまり，因子 1「対人良好性」が項目 x1 〜 x3 を大きく支配し
ていたこと（負荷量が大きかったこと），そして因子 2「自己良好性」が項目
x4 〜 x6 を大きく支配していたことを表現しています。それぞれの因子の支配
を別々の 3 項目に限定した点が，ユーザーの仮説が加わった点です。因子分析
は特定の仮説を立てず，探索的でしたが，SEM は特定の仮説を表すモデルを
検証または確証します。

❻【保存】をクリック　→上で書いた 2 行を保存しておきます（任意）。

❼【計算！】ボタンをクリック　→ R プログラムが出力されます。

❽手順 1 〜手順 3 を実行する

　→実行後は，出力された『結果の書き方』を保存せずに，次のモデル構築
に行くのが通常の手順です（後出❾へ進む）。『結果の書き方』や Figure は
最終モデルが決まってから改めて入手するようにします。

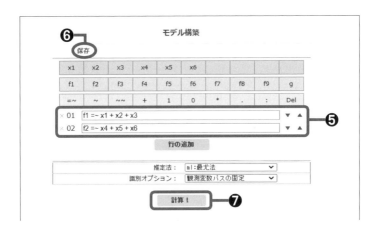

結 果

保存　コピー　消去　タブ変換　　　　　　　　　　　　　　伸▼　▲縮

```
X6        4.700        1.120        2.000        0.000
---------------------------------------------------
_/_/_/ Analyzed by js-STAR _/_/_/
```

Rプログラム

データ入力方法：[クリップボード読込 ✓]

全保存　全消去　　　　　　　　　　　　　　　　　　　　　　　伸▼　▲縮

手順1 ━━━ ❽-1

下の第一枠を［コピー］⇒R画面に［ペースト］

コピー

```
# R用データ入力プログラム
mF=c();mJ=c()
dtab=read.table("clipboard",h=0)
```

手順2 ━━━ ❽-2

下の第二枠を［コピー］⇒R画面を［クリック］⇒[↑]キー⇒[Enter]キー

※R画面を左クリックするだけ。貼り付け厳禁！

コピー

```
3    4    4    3    2    5
4    2    3    3    4    3
5    5    1    4    4    6
2    3    4    4    4    4
2    1    6    3    1    5
5    4    2    4    4    5
4    4    2    3    4    4
3    3    3    2    4    4
3    5    2    3    3    5
4    5    2    4    5    5
6    6    1    2    5    2
4    5    1    2    4    5
5    6    2    3    6    6
5    6    2    5    6    5
5    5    3    3    5    5
```

手順3 ━━━ ❽-3

下の第三枠を［コピー］⇒R画面に［ペースト］

※別モデルの再計算は手順3だけでOK！
　手順1から繰り返すと前モデルの結果が失われます。

コピー

```
####### SEM（共分散構造分析）　#######

# パッケージ psych　が必要
# パッケージ lavaan　が必要
# パッケージ semPlot が必要
# mF,mJ,dtabは読み込み済み

## js-STARからの入力:SEM
N=15      # 人数
hensu=6   # 変数の数
Me="ml"   # 推定法 ml,wls,gls
Fix=0     # 識別用(1=分散・残差固定)

MDL=' # モデル
f1 =~ x1 + x2 + x3
```

必要パッケージ：psych,lavaan,semPlot。計算不能な箇所ではエラーが出ますが意図的な
ものです。

15.2 パスダイアグラム（パス図）と次のモデル構築

Rグラフィックスに描かれた下図は**パスダイアグラム**（パス図）といいます。**パス**（pass）は影響力や支配力の"通路"という意味です。付記されている数値はパス係数といいます。パス係数は相関係数 *r* とまったく同一のものです。パス係数は回帰分析の標準化偏回帰係数（*β*）ともまったく同一のものです。パス係数は因子分析の因子負荷量ともまったく同一のものです。このようにパス図がいかに汎用的な図であるかがわかると思います（どんなモデルでも描ける）。

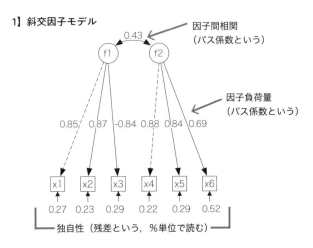

1】斜交因子モデル

ただし，項目 x1, x2, …の四角い枠に突き刺さった矢印の数値だけは，パス係数ではなく，**残差**または**誤差分散**と呼びます。因子による説明率を引いた残りの"非説明部分"であり，いわゆる項目の独自性です。これは％単位で読むことができます。たとえば項目 x1 の残差 = 0.27（= 1 - パス係数^2）は独自性27％を表しています。残差は小さいほど良く，残差が大きい項目は本当に因子に支配されているかどうか怪しくなります。

図では因子間相関 = 0.43 が計算されていますので，これは**斜交因子モデル**です。RプログラムのSEMは因子間相関を自動的に設定し計算します。したがって直交因子モデルを構築するときは，それを制止しなければなりません。因子間に直交制約（因子間相関 = 0 に仮定する）を課し，**直交因子モデル**を作ってみましょう。先の手順❽に続けて，手順は❾からになります。

❾ 『モデル構築』で新たな１行を付け加える（下図の３行め）

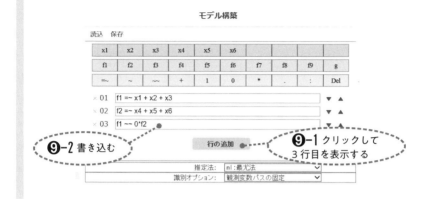

３行目に書き込んだ **f1 ˜˜ 0*f2** は因子 f1 と f2 のパス係数 = 0 と制約します。˜˜ は双方向支配，すなわち相関を表します。つまり f1 と f2 は無相関ということです。

❿【計算！】 →手順３枠のみR画面にコピペ →下のパス図が出力されます。

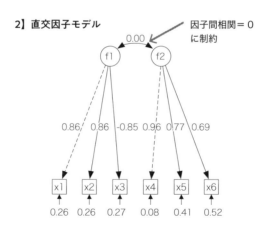

このパス図が，Chapter 13 の因子分析（直交回転）に相当します。因子間相関 = 0 と表示されていることを確かめてください。

さて，SEMの実行はいかがですか。モデルを書く特有の記号と文法に慣れないと，とてもモデル構築はできない印象を受けたと思います。そのとおりです。別途学習が必要ですが，慣れると「ああしてみたい」「こうしてみたらどうなる？」とユーザーが今まで試したくても，回帰分析や因子分析では応じてくれなかったことがSEMで試せるようになります。その効用と（ある意味）おもしろさを，以下で感じ取って，本書を発展学習のスタートにしていただけるといいのですが。

ここまで，SEMを動かして，斜交因子モデルと直交因子モデルを分析してみました。どっちが優れているでしょうか。それこそが，ユーザーの好奇心を満たしてくれるSEMの知見となります。次へ進みましょう。

結果の読み取り：SEMによるモデル比較

R画面のオプション［モデル比較］を実行してください。SEMの分析結果はそこに蓄積されています。次のようなモデルの比較結果が表示されます。

```
> mF;cat("¥n");mJ; 比較(mF,mJ) # モデル比較
               χ2 df  p値   CFI  RMSEA CI下限    上限
1】11:09:14 11.922  8 0.155 0.9136 0.1808      0  0.3803
2】11:22:13 13.623  9 0.136 0.8982 0.1850      0  0.3723


               AIC    BIC   SABIC
1】11:09:14  264.95  274.16  234.47
2】11:22:13  264.66  273.15  236.52


CFI   は モデル1】11:09:14 が最大です。
RMSEA は モデル1】11:09:14 が最小です。


AIC   は モデル2】11:22:13 を支持します。
BIC   は モデル2】11:22:13 を支持します。
SABIC は モデル1】11:09:145 を支持します。
>
```

出力結果内の #】はモデル番号です（実行時間付き）。

統計量の見出しに並んでいる *CFI* は適合度指標の一つであり，*RMSEA* と並んでよく使われます（*CI* は *RMSEA* の 90％信頼区間）。下に並べて評価基準を掲載します。

- *CFI*（comparative fit index）：十分 > 0.95，許容 > 0.90，不十分 < 0.90
- *RMSEA*（非適合度の平均平方根）：良好 < 0.05，許容 < 0.10，不適合 > 0.10

CFI はまさにモデルとデータの適合程度を示すので，完全適合 = 1 に近い値であればあるほど良いことになります。反対に，*RMSEA* は非適合度（ズレ）なので，値は小さければ小さいほど良いことになります。実行した両モデルでは，どちらの指標もあまり優れないようです。特に *RMSEA* の値（0.18以上）は「悪い」というよりも明確に「ひどい」と言っています。

そんなモデルしかないときでも，情報量規準 *AIC*，*BIC*，*SABIC* は必ずどれかのモデルを支持してくれるのですから健気な指標です。しかしながら相対評価しかできず，絶対的な価値づけができないので，適合度と常にセットで使う必要があります。

結局，以上のモデリングは失敗しました。直交モデルも斜交モデルも不適合のようです。したがって，モデル構築→モデル選択をやり直さなければなりません。このへんは自動化できません。コツコツとモデルを手作業で洗練していくユーザーの営為にかかっています。SEM のモデリングに限らず，だいたい後世に残るものは，長い時間をかけた個人の洗練の過程で生まれます。名匠の一碗の裏庭には山ほどの叩き割られたモデルが泣いているものです。

15.3　モデルの洗練

モデルの洗練とはモデルの適合度を改善することです。端的に *RMSEA* の値を改善するには，モデル中の弱いパスを削り，強いパスを増やすことです。

Fig.1】と Fig.2】のパス図を見ると，パス係数はどれもかなり高く（絶対値

でほぼ 0.70 以上），弱いパスは見られません。ではどうしたらいいか。もとの探索的因子分析の結果を参考にしてみましょう。再掲 Table 13-4（p.230 を参照）の因子負荷量を見ると，項目 x5 が，因子 2 に大きな負荷量（0.737）を示すと同時に，因子 1 にも中程度以上の負荷量（0.460）を示しています。これを重構造性といいます。項目 x5 は「喜びや楽しさを感じる」という内容なので，意味的には対人関係の良好さと自己状態の良好さの両方に伴う幸福感情であっても何ら不思議はないといえます。

　そこで，この有望な支配関係をモデルの中に表現してみることにします。次のように，因子 1（f1）の支配下に項目 x5 を追加します（STAR 画面『モデル構築』コーナーで 1 行めに書き足す）。

```
01 [ f1 =~ x1 + x2 + x3 + x5 ]●‥‥‥‥‥    ここに x5 を追加。
                                          以下はそのまま
02 [ f2 =~ x4 + x5 + x6 ]
03 [ f1 ~~ 0*f2 ]
```

　追加後，【計算！】ボタンをクリック→必ず**手順 3 だけ R 画面にコピペ**します。手順 1 から実行すると前のモデルの記録が失われますので注意してください。

　この新モデルの分析結果を見ずに（当該結果は消えないで記録されています），さらにもう一つ，直交制約なしのモデル（斜交解）も試してみましょう。手順❾の画面の 3 行めの左端に薄く［×］のボタンがあります。この 3 行めの［×］をクリック→消去されます。これで直交制約なしになります（1・2 行だけで斜交モデルになる）。行枠も消したかったら，［Shift］キーを押しながら［×］をクリック→行枠ごと消去されます。

　これで【計算！】→手順 3 だけ R 画面にコピペします。ここまでで計 4 回，SEM を実行しました。このように，作っては試し，作っては試しという繰り返しが，SEM の分析作業の常です。XR のインターフェイスがこうした試行錯誤の繰り返しを強力にサポートしてくれると思います。

　最終的に合計 4 モデルの成果を見るため，再び，R 画面のオプション［モデル比較］を実行します。次のような結果が表示されます。

```
> mF;cat("¥n");mJ;比較(mF,mJ) # モデル比較
            χ2  df  p値    CFI    RMSEA CI下限     上限
1】11:09:14 11.922  8 0.155 0.9136 0.1808       0  0.3803
2】11:22:13 13.623  9 0.136 0.8982 0.1850       0  0.3723
3】11:23:07  8.114  8 0.422 0.9975 0.0308       0  0.3053
4】11:23:41  7.213  7 0.407 0.9953 0.0451       0  0.3229


            AIC     BIC    SABIC
1】11:09:14 264.95  274.16  234.47
2】11:22:13 264.66  273.15  236.52
3】11:23:07 261.15  270.35  230.66
4】11:23:41 262.25  272.16  229.42


CFI   は モデル3】11:23:07 が最大です。
RMSEA は モデル3】11:23:07 が最小です。

AIC   は モデル3】11:23:07 を支持します。
BIC   は モデル3】11:23:07 を支持します。
SABIC は モデル4】11:23:41 を支持します。
>
```

　下段のコメント一覧を見ると，**SABIC** を除いてすべて，モデル3】を推奨しています。具体的にモデル3】の適合度 **CFI**，**RMSEA** の値を見てみると，**CFI** = 0.998 > 0.95，**RMSEA** = 0.031 < 0.05 であり，十分かつ良好であることがわかります（上掲出力の下線部）。すなわち，項目 x5 へのパス図を新たに設けて，2因子を直交因子と仮定したモデル3】が，最良，最強であるということが明らかになりました（次頁図）。

3】パスを新設した直交因子モデル

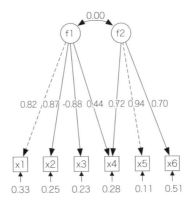

　こうして確定的な結論が出たところで，正式の『結果の書き方』とパスダイアグラムを得るようにします。

　一つのやり方は，R 画面をさかのぼり，モデル 3】の出力部分をコピーすることです。また，モデル 3】の R グラフィックス（パス図）を選び出します。

　もう一つのやり方は，モデル 3】を最後にもう 1 回実行することです。このためにはモデル作成のたびにモデルを【保存】しておく必要があります。保存しておいたときは，STAR 画面『モデル構築』コーナーで，【読込】→［SEM_Model-XX 年 XX 月…］を選択→【計算！】→手順 3 枠を R 画面にコピペ，で実行できます。モデルの識別は［XX 年 XX 月…］の末尾の時間で行ってください（モデル 3】＝ 11:23:07）。なお，この仕上げの実行結果もモデル 5】として自動的に保存されますので注意してください。

　当のモデル 3】の『結果の書き方』を草稿として語句の置換や記号の整形を行えば，そのまま以下のようなレポートになります。※印のところは，ユーザーがモデル作成にいたった経緯やモデル洗練にめぐらした思索を書くようにしてください。

レポート例 15-1

各変数の基本統計量を Table 13-3 に示す（Chapter 13 の基本統計量と同じ）。

研究仮説に基づいたモデル1】, 2】, 3】,4】を構築し（※詳述する，固有名をモデルに付ける，仮説のパス図を掲載する等），それぞれについて最尤法を用いた構造方程式モデリングを行った。

その結果，適合度指標において（Table 15-1 参照），Figure3】に示したモデル3】が他のモデルに比べて最も良好な適合度を示した（$\chi^2(8)=8.114$, $p=0.422$, $CFI=0.998$, $RMSEA=0.031$ [90%CI 0 － 0.305]）。また，情報量規準の比較においても（Table 15-1 参照），AIC, BIC は他のモデルよりもモデル3】を支持した（$AIC=261.146$, $BIC=270.351$）。

Table 15-1 各モデルの適合度と情報量規準

モデル	χ^2	df	p 値	CFI	RMSEA	CI	AIC	BIC	SABIC
1】	11.922	8	0.155	0.914	0.181	0 － 0.380	264.95	274.16	234.47
2】	13.623	9	0.136	0.898	0.185	0 － 0.372	264.66	273.15	236.52
3】	8.114	8	0.422	0.998	0.031	0 － 0.305	261.15	270.35	230.66
4】	7.213	7	0.407	0.995	0.045	0 － 0.323	262.25	272.16	229.42

注）CI は RMSEA の 90％信頼区間。

レポート例は，ここまでです。『結果の書き方』には，下記の"⇒"以降の参考メッセージが表示されます。まさに SEM を用いたときの分析・報告の要領としてください（レポートには不掲載）。

⇒以下，Figure ■において，有意性を示した標準化係数 0.30 以上のパスを中心に，次の3点について記述してください。
  ・プラスの影響か，マイナスの影響か
  ・影響の強さはどの程度か
  ・直接パスと間接パスはどちらが強いか

⇒ SEM の知見はパス図で決まります。Figure ■のパス図の整形をくり返してください。

① R プログラム中の『■パスダイアグラムここから』～『■ここまで』の部分の各種オプションを変えてみる。

②変更後の■～■の部分を R にコピペする。

③変更をくり返し，見栄えの良い Figure を完成する。

〉

高次因子モデル・階層因子モデル

Chapter 13 の因子分析において応用問題で扱った知能検査データについて，因子分析後に，さらに因子間構造を探索したら高次因子モデルと階層因子モデルが有望と示唆された。SEM を用いて，両モデルのどちらが良いモデルか評価しなさい。

分析例

ここで言われている知能検査データは "HolzingerSwineford 1939"（参加者 = 301 人，項目数 = 9 個）のことです。Chapter 13 では，このデータに対して因子分析によって 3 因子解を適当とし，プロマクス法（斜交回転）で因子負荷量を得ました（再掲 Table 13-8）。

この 3 因子が直交因子（因子間相関 = 0）なら，この時点で終了し，それ以上相関構造を探

Table 13-8　プロマクス回転後の因子負荷量

項目	因子 1 言語力	因子 2 視覚力	因子 3 認知速度
x1	0.146	0.624	0.008
x2	0.007	0.528	−0.136
x3	−0.122	0.716	−0.001
x4	0.841	0.019	0.002
x5	0.896	−0.075	0.007
x6	0.804	0.077	−0.016
x7	0.047	−0.177	0.736
x8	−0.048	0.089	0.706
x9	0.002	0.368	0.455

注）検査項目の名称は Table 13-6 参照。

ることはできません。しかし，それらはプロマクス回転の斜交因子でしたので，なぜ互いに相関するのかを考えることができます。

　一つには，因子分析と同じ発想で，それら3つの因子を共通に支配するような，さらに上位の因子の存在が考えられます。これは**高次因子モデル**になります（因子分析モデルの発展型）。

　もう一つには，回帰分析と同じ発想で，それら3つの因子のどれかが原因で，どれかが結果になっているような因果関係の存在が考えられます。これは**因果モデル**または**回帰モデル**になります。

　さらにまたもう一つには，SEM によって分析可能となった発想で，今回の3つの群因子（特定の検査項目をグループ化した因子）とは別に，すべての検査項目を支配する一般因子（ g と呼ばれる因子）の存在が考えられます。群因子とこの一般因子 g の存在する階層は，まったく別フロアであるとして，このモデルは**階層因子モデル**と呼ばれています。

　どのモデルが有力なのか，SEM を用いたモデリングを実行してみましょう。手順は，①データ入力，②モデル構築，③ SEM の実行となり，この②③を複数回，繰り返すことになります。そこで，まず，SEM を起動して，①データ入力までをすませておきます（Chapter 13 応用問題，p.207 を参照）。以下，データ枠にデータが【代入】されたステップまで来ているとします。そこからモデル構築を始めます。

①モデル 1】高次因子モデル

　検査項目 x1 ～ x9 から抽出した言語力・視覚力・認知速度の3因子は，観測変数から一次抽出した一次因子です。ここでは，一次因子からさらに因子抽出した二次因子を求めてみることにします。STAR 画面の『モデル構築』コーナーで，以下のプログラムを書いてください。=˜（イコールチルダ，略称・イコチル）は"右向き支配"の記号です。

```
01 [ f1 =˜ x4 + x5 + x6 ]    ●┈┈┈┈┈    支配項目は Table 13 − 8
                                         の因子負荷量から仮定
02 [ f2 =˜ x1 + x2 + x3 ]

03 [ f3 =˜ x7 + x8 + x9 ]                f4 が二次因子。f1, f2, f3
                                         を支配すると仮定
04 [ f4 =˜ f1 + f2 + f3 ]    ●┈┈┈┈┈
```

実行は，1回めの SEM ですので，【計算！】ボタンをクリックした後，手順1〜手順3を実行します。**2回め以降は，【計算！】ボタンをクリック→手順3枠だけ R にコピペで OK です**（注意：手順1から実行すると前モデルの記録が消える）。

R 出力における適合度 *CFI*, *RMSEA* の値を見ます。*CFI* = 0.9303, *RMSEA* = 0.0923 であり，どちらも許容範囲です。良くはないが，悪くもない適合度（データへの当てはまり）であるといえます。情報量規準はまだ1モデルなので使えません。パス図を見ると，f1 〜 f3 の上に，f4 が君臨するというようなピラミッド形の姿になります。これが高次因子モデルのイメージです。パス図を見ながら"イメージ作り"をすることも学習になります。

②モデル2】因果モデル（回帰モデル）

次に因果モデルを作ってみましょう。言語力・視覚力・認知速度の3因子間に因果関係を仮定します。どんな因果関係が考えられるでしょうか。言語力は意味理解，視覚力は空間認知なので，一案としてこれらを原因（独立変数）として，認知速度を結果（従属変数）としてみましょう。もちろん他の因果モデルも考えられます。どんなモデルを立てるかは，まさにユーザーの自由であり，個人的な洞察力やひらめき次第です。それで分析してくれるのですから，SEM はずいぶん開放的な手法です。

『モデル構築』コーナーで，次のように4行めを書き換えます。回帰式と同じ要領で，従属変数＝独立変数（説明変数），すなわち認知速度＝言語力＋視覚力と書きます。

```
01 [ f1 =~ x4 + x5 + x6 ]
02 [ f2 =~ x1 + x2 + x3 ]
03 [ f3 =~ x7 + x8 + x9 ]
04 [ f3 ~ f1 + f2 ]  ●------→  ←単一の ~（チルダ，略称・
                                 単チル）は"左向き支配"
```

これで【計算！】ボタンをクリック→手順3だけコピペします。

R 出力は，前のモデル1】とまったく同じ，*CFI* = 0.9303, *RMSEA* = 0.0923 となります。高次因子のパスの数と因果関係のパスの数が変わりませんので，

そうなります。したがって情報量規準も差が出ません。ただしパス図を見ると，言語力（f1）から認知速度（f3）へのパス係数＝0.09であり，ほとんど別個の独立した能力であることがわかります。

言語力を鍛えても認知速度やパターン認識力は高まらないことが示唆されます。たとえば将棋のような視覚ゲームでは，「7六歩，3二金，6八飛…」と言語記号で考える能力と，「こうする，ああくる，こうする…」と視覚的・認知的イメージで考える能力は異なる思考モードとみることができるかもしれません。木製の将棋盤と駒に代わって，将棋ソフトの画面クリックによる遊び方が後者の能力を高めそうです。モデリングの結果から現実の事象がよりよく理解できたり，将来の変化が予想できたりすることが重要です。

モデル1】とモデル2】は統計分析では優劣がつきませんが，どちらが良いかは結局，何を研究成果として見いだすかで決まるといえます。その意味では，因果関係モデルのほうがイメージしやすく，高次因子モデルのほうは内容を解釈しづらいかもしれません。

③モデル3】階層因子モデル

最後に，f1〜f3の群因子とは別に，一般因子 g を仮定したモデルを作ってみましょう（因子名は g でなくて y や f9 のような名称でもよい）。

4行め・5行めを，下のように書きます。5行目の ~~（チルダチルダ，略称・相チル）は相関関係の記号です。g が別階層に存在するので，g と f1〜f3 とは相関＝ゼロになるように制約を課します。

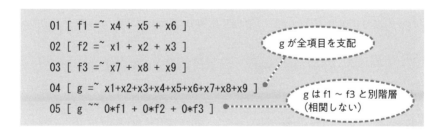

これで【計算！】→手順3だけコピペ，で実行します。

実行後，『結果の書き方』に「【注意】標準化パス係数（β）に不適解が生じています。識別オプションの変更…を試してみてください。」と出力されます。

これは β の絶対値が1を超えたことを意味しています。標準化パス係数は相関係数と同じものなので±1の範囲内を示さなければ不自然であり「不適解」と言われます。係数自体は計算可能なのでモデリングは失敗しているわけではありません。そこで計算の前提を変えるため STAR 画面に戻って、［識別オプション］を変更してください。選択肢を［観測変数パスの固定］から［因子分散・誤差の固定］に変更します（下図）。

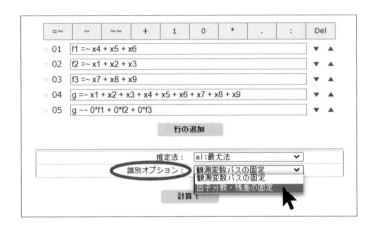

これで【計算！】→手順3をコピペ，で再実行してください。

実行後に描かれたパス図が見にくく，整形が必要です。また項目 x3 の誤差項がマイナスに出て（–0.06），不適解になりました（推定は収束しているので結果は採用可）。不適解の値はほとんどゼロなので，気になるならプログラムに6行めとして，**x3 ~~ 0*x3** と書けばゼロに固定されます。

ここではパス図の整形を練習してみましょう。次の手順❶～❺で行います。

❶手順3枠の，「■パスダイアグラムここから～■ここまで」をコピー
❷文書ファイルに貼り付ける（フォントはゴシック推奨）
❸次の部分を右頁のように書き換える

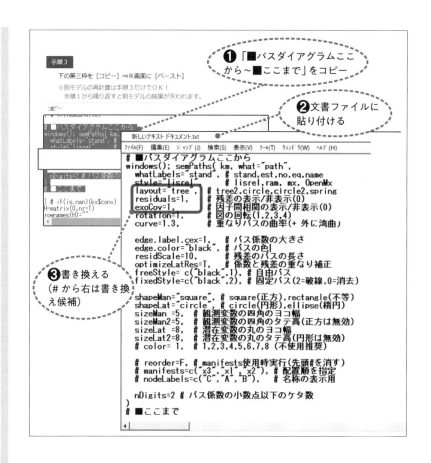

手順3

下の第三枠を［コピー］⇒R画面に［ペースト］

※別モデルの再計算は手順3だけでOK！
手順1から繰り返すと前モデルの結果が失われます。

❶「■パスダイアグラムここから～■ここまで」をコピー

❷文書ファイルに貼り付ける

新しいテキスト ドキュメント.txt

ファイル(F) 編集(E) ジャンプ(J) 検索(S) 表示(V) ツール(T) ウィンドウ(W) ヘルプ(H)

```
# ■パスダイアグラムここから
windows(); semPaths( km, what="path",
   whatLabels="stand,  # stand,est,no,eq,name
   style="lisrel",       # lisrel, ram, mx, OpenMx
   layout="tree",        # tree2,circle,circle2,spring
   residuals=1,          # 残差の表示/非表示(0)
   exoCov=1,             # 因子間相関の表示/非表示(0)
   rotation=1,           # 図の回転(1,2,3,4)
   curve=1.3,            # 重なりパスの曲率(+ 外に湾曲)

   edge.label.cex=1,    # パス係数の大きさ
   edge.color="black",  # パスの色
   residScale=10,        # 残差のパスの長さ
   optimizeLatRes=T,    # 係数と残差の重なり補正
   freeStyle= c("black",1), # 自由パス
   fixedStyle=c("black",2), # 固定パス(2=破線,0=消去)

   shapeMan="square",   # square(正方),rectangle(不等)
   shapeLat="circle",   # circle(円形),ellipse(楕円)
   sizeMan =5,          # 観測変数の四角のヨコ幅
   sizeMan2=5,          # 観測変数の四角のタテ高(正方は無効)
   sizeLat =8,          # 潜在変数の丸のヨコ幅
   sizeLat2=8,          # 潜在変数の丸のタテ高(円形は無効)
   # color= 1,          # 1,2,3,4,5,6,7,8 (不使用推奨)

   # reorder=F, # manifests使用時実行(先頭#を消す)
   # manifests=c("x3","x1","x2"), # 配置順を指定
   # nodeLabels=c("C","A","B"),   # 名称の表示用

   nDigits=2 # パス係数の小数点以下のケタ数
)
# ■ここまで
```

❸書き換える
（# から右は書き換え候補）

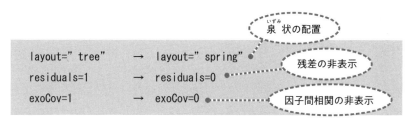

泉（いずみ）状の配置

layout="tree"	→	layout="spring"
residuals=1	→	residuals=0
exoCov=1	→	exoCov=0

残差の非表示

因子間相関の非表示

❹「■ここから～■ここまで」をコピーしR画面に貼り付けて実行する
❺別モデルの分析にも，これを貼り付ければ同様の整形ができて便利！

layout="spring" で描いたパス図

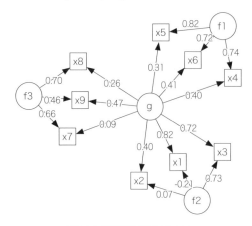

（注）因子間相関と残差は非表示。

Fig. 15　階層因子モデルのパス図

　上の Fig.15 は整形したパス図です。因子負荷量のパス係数だけになり，見やすくなりました。

　一般因子 g が "泉" の中心に位置し，全項目に支配を及ぼしています。群因子 f1 〜 f3 は外輪に位置し，特定の項目をグループ化しています。生徒たちの能力構造は，このようなものかもしれないことが示唆されます。

　特に注目されるのは，一般因子 g の影響により，群因子 f2 からの下位項目へのパス係数がずいぶん小さくなったことです。一般因子 g とは何モノなのでしょうか。能力の形成には形式陶冶と実質陶冶があることが知られています。形式陶冶とは "一芸は万芸に通じる" というもので，ある能力の学習と訓練がその能力だけを高めるのではなく，もっと一般的な能力をも高めて，結局，当該能力のトレーニング成果（これが実質陶冶）を超えたパフォーマンスを発揮するという考え方です。柔道の投げ技で相手を投げるのではなく，名人は "空気を投げる" と言われます。名人の投げ技が，何か別次元から（当該筋肉を超えて）手足を動かし投げていることを言っているのかもしれません。古くからある学説ですが，最新手法によりこうした因子 g が有力となれば，温故知新の発想として形式陶冶理論も生き残ってゆくことでしょう。

　それでは，ここでモデル比較を行ってみましょう。R 画面のオプション［モ

デル比較］を実行してください。次のように表示されます。

```
> mF;mJ; 比較 (mF, mJ) # モデル比較
                χ2 df  p値    CFI  RMSEA CI下限   上限
1】10:37:15 85.501 24 0.000 0.9303 0.0923 0.0716  0.1138
2】11:11:41 85.501 24 0.000 0.9303 0.0923 0.0716  0.1138
3】11:50:20 26.070 15 0.037 0.9875 0.0495 0.0120  0.0806
4】12:00:00 26.075 15 0.037 0.9875 0.0495 0.0120  0.0806


                AIC    BIC    SABIC
1】10:37:15  7517.3  7595.1  7528.5
2】11:11:41  7517.3  7595.1  7528.5
3】11:50:20  7475.8  7587.1  7491.9
4】12:00:00  7475.8  7587.1  7491.9


CFI  は モデル 3】11:50:20 が最大です。
RMSEA は モデル 3】11:50:20 が最小です。


AIC  は モデル 4】12:00:00 を支持します。
BIC  は モデル 4】12:00:00 を支持します。
SABICは モデル 4】12:00:00 を支持します。
>
```

　モデル 3】とモデル 4】が最良です。両者はパス係数を調整しただけのものであり，モデル全体の評価としては同一となります。適合度 *CFI* = 0.9875, *RMSEA* = 0.0495 は，データへの当てはまりが十分かつ良好であると判定されます（下線部）。情報量規準 3 指標も同一のコメントであり，このモデルは説明力が高く，かつシンプルで有力であることを示しています。

　結論が確定したところで，正式の『結果の書き方』と，正式のパス図を入手してください（p.240 を参照）。語句等の修正後のレポート例は次のようになります。

レポート例 15-2

各項目の基本統計量を Table 13-7（再掲）に示す。

Table 13-7　各検査項目の基本統計量（N = 301）

項目	Mean	SD	min	max	M-SD	M+SD
x1	4.94	1.17	0.67	8.50	3.77	6.10
x2	6.09	1.18	2.25	9.25	4.91	7.27
x3	2.25	1.14	0.25	4.50	1.12	3.38
x4	3.06	1.16	0.00	6.33	1.90	4.23
x5	4.34	1.29	1.00	7.00	3.05	5.63
x6	2.19	1.10	0.14	6.14	1.09	3.28
x7	4.19	1.09	1.30	7.43	3.10	5.28
x8	5.53	1.01	3.05	10.00	4.51	6.54
x9	5.37	1.01	2.78	9.25	4.36	6.38

注）検査項目の名称は Table 13-6 参照。

　研究仮説に基づいたモデル 1】高次因子モデル，2】因果モデル，3】階層因子モデルを仮定し，それぞれについて最尤法を用いた構造方程式モデリングを行った。

　その結果，適合度指標において，Fig.15 に示したモデル 3】階層因子モデルが他のモデルに比べて最も良好な適合度を示した（$\chi^2(15)$=26.070, p=0.037, CFI=0.988, $RMSEA$=0.050 [90%CI　0.012 － 0.081]）。また，<u>情報量規準の比較においても</u>（Table 15-2 参照），AIC, BIC, $SABIC$ は他のモデルよりもモデル 3】を支持した（AIC=7475.8, BIC=7587.1, $SABIC$=7491.9）。
したがって，生徒たちの能力構造は群因子と一般因子の階層構造を示すことが示唆される。

Table 15-2　各モデルの情報量規準

モデル名称	AIC	BIC	SABIC
1】高次因子モデル	7517.3	7595.1	7528.5
2】因果モデル	7517.3	7595.1	7528.5
3】階層因子モデル	7475.8	7587.1	7491.9

情報量規準について述べるとき（下線部）は，必ず読者が比較できるようにします。Table 15-2 のような一覧表を作成するとよいでしょう。特定の 1 つのモデルの情報量規準を掲載しても無意味です。

　結論として，モデル 3】が圧勝しましたが，階層因子モデルではパスの数が圧倒的に多いので（その分のペナルティは算入されても），有利になるだろうことは否めません。あくまで，モデルの最終的な良さ（妥当性）はユーザーの解釈が決定しなければなりません。すなわち，そのモデルなら一番もっともらしい説得的な説明ができると確信したモデル，それが最良です。統計分析による定量的説明は，その背景に理論的な定性的説明がなければ，所詮，"統計の悪用" の一例でしかありません。

索 引

[A-Z]

Bartlett（バートレット）検定　115
BH 法　43
Bonferroni（ボンフェローニ）法　43
Brunner-Munzel（ブルンナー・ムンツェル）
　検定　97

Cronbach（クロンバック）の a 係数　212

Fisher（フィッシャー）の正確検定　47
F 比　115, 132

Holm（ホルム）法　43

js-STAR_XR　1

Mauchly（モークリィ）の球面性検定　122
Median（メディアン）検定　98

p 値　14, 42, 43, 62

R　1
R 画面　3
R パッケージ　2

SD 法　156
SEM（構造方程式モデリング）　213, 229

t 検定　90, 101, 131

Wald（ワルド）検定　75, 79-81
Welch（ウェルチ）の方法　103
Wilcoxon（ウィルコクソン）の順位和検定　98

χ^2（カイ二乗）値　40-42

[あ行]

一般化線形モデリング　76
因果モデル（回帰モデル）　243, 244
因子負荷量　203, 207, 211, 234, 248
因子分析　191, 205, 213, 229, 236, 243

応答変数　72
オッズ比　51, 52
オメガ係数　214

[か行]

回帰直線　168
回帰分析　172, 182, 229, 236
階層因子モデル　243, 245, 251
階層的クラスタ分析　225
回転法　201, 205
カイ二乗検定　34, 40, 42, 55, 61, 67
片側検定　19, 42
過分散　78, 82
過分散判定　74, 78
間隔尺度　97
頑健性　118
観測値の独立性　123

危険率　16
期待比率　40
帰無仮説　14, 16
逆転項目の処理　192
95％信頼区間　20
95％信頼区間推定　19
球面性　122, 123
共通性　206
共分散　167
共分散構造分析　229

クラスタ分析　215, 216

検出力　　16
検出力不足　　17

効果量　　18, 53, 96
効果量 η^2（イータ 2 乗）　　115, 117
交互作用　　124, 130, 138, 146, 147, 188
交互作用優先　　79
高次因子モデル　　243
個人差研究　　228

［さ行］
最小残差法　　203
最尤法　　202
参加者　　110
参加者間 t 検定　　90, 107
参加者内 t 検定　　90, 107
参加者内誤差の球面性　　122
残差　　60, 62, 234
残差逸脱度　　78
残差分析　　61
散布図　　167
散布図行列　　184
散布度　　99

次元　　68
事後分析　　38
実験計画法　　107
質問紙　　32
四分位数　　99
斜交因子モデル　　234, 236
斜交回転　　205, 211
重回帰　　182
重構造性　　238
修正 F 検定　　118, 122
重相関係数　　181
自由度（df）　　40
自由度調整係数 ε（イプシロン）　　123
主効果　　81, 124, 130, 138, 146
主分析　　38
順位尺度　　97
順位相関　　169
順位和検定　　118
情報量規準　　77
シンプソンの逆説　　67
信頼性　　212, 213

水準　　68

スクリープロット　　200
ステップワイズ増減法　　76

正確二項検定　　13
正規性　　179
正規分布　　101, 168
世論調査　　33
尖度　　101

相関　　158, 165, 225
相関行列　　164
相関係数　　159, 164-168

［た行］
代表値　　98
タイプ I エラー　　16, 17
タイプ II エラー　　16, 17
対立仮説　　15
多重共線性　　185
多重比較　　38, 39, 62, 131
多数回検定問題　　43
単極的命名　　204
探索的集計検定　　98
単純傾斜分析　　188
単純交互作用　　150
単純主効果　　136, 147

中心化　　188
調整後 p 値　　38
直交因子モデル　　234, 236
直交回転　　205

天井効果　　179, 183
デンドログラム　　219

統計的推定　　19
統計的有意性　　13
統計的有意性検定　　14
統計モデリング　　67, 76, 82
等散布性　　168, 179, 225
統制群　　52
独自性　　206
度数　　6
度数集計表　　6

［な行］
内的一貫性　　212, 213

二項分布　　15
二重盲検　　52

ノンパラメトリック法　　97

[は行]
バウンスレート　　131
パス係数　　234, 248
パスダイアグラム　　234
範囲　　99
反復測定　　105

標準化偏回帰係数　　183, 234
標準誤差　　94
標準偏差　　94, 99, 167
評定　　32
評定尺度　　32
比率差　　51
比率尺度　　97

プールド *SD*　　117, 131
不良項目　　179, 183
フルモデル　　76
フロア効果　　179, 183
分位点　　104
分散拡大要因 *VIF*　　185
分散　　100
分散の均一性　　115
分散分析　　109, 116, 130

平均　　98
平均偏差　　99
平行分析　　200

平面的クラスタ分析　　225
偏回帰係数　　80, 81, 181
偏差平方和　　132

母集団　　14
母比率　　14
母比率不等　　24, 31

[ま行]
名義尺度　　97
メディアン　　98

モード　　98
モデリング　　67
モデル決定係数　　180
モデル選択　　77

[や行]
有意傾向　　46
有意差　　82
有意水準　　14
尤度比検定　　75, 79

要因　　110

[ら行]
両側検定　　19, 42
両極的命名　　204

連関係数　　53

[わ行]
歪度　　100

著者紹介

田中　敏（たなか・さとし）

筑波大学大学院修了　学術博士
上越教育大学・信州大学で教授を歴任し，2020 年に定年退職
上越教育大学名誉教授　専門は言語心理学，一般心理学

[主な著書・論文]
『マンガ　心の授業』シリーズ（筆名・三森創）北大路書房　2000 〜 2006 年
『R&STAR データ分析入門』（共著）新曜社　2013 年
『不道徳性の指導と学びとしての道徳教育の構想』信州大学教育学部研究論集
2020 年

R を使った〈全自動〉統計データ分析ガイド

フリーソフト js-STAR_XR の手引き

2021 年 3 月 10 日　初版第 1 刷印刷　　定価はカバーに表示
2021 年 3 月 20 日　初版第 1 刷発行　　してあります。

著　者　田　中　　　敏
発 行 所　（株）北 大 路 書 房

〒603-8303　京都市北区紫野十二坊町 12-8
電話（075）431-0361（代）
FAX（075）431-9393
振替　01050-4-2083

編集・デザイン・装丁　上瀬奈緒子（綴水社）　印刷・製本（株）太洋社
©2021　ISBN978-4-7628-3148-5　Printed in Japan
検印省略　落丁・乱丁本はお取り替えいたします

はじめての R
――ごく初歩の操作から統計解析の導入まで

村井潤一郎　著
A5 判　168 頁　本体 1600 円＋税

多機能でありながら無料で使える統計解析ソフト「R」。その利便性からも R によるデータ処理がますます広がっている。一方，統計学の入門的知識があっても，このソフトに敷居の高さを感じる人は少なくない。はじめて R に触れる初学者対象に，R を使っての統計解析の最初の一歩を踏み出すための説明をコンパクトにまとめた。

R による心理学研究法入門

山田剛史　編著
A5 判　272 頁　本体 2700 円＋税

「心理学研究モデル論文集」「具体例に即した心理学研究入門書」「統計ソフト R の分析事例編」の 3 つの顔を持つテキスト。卒論学生から活用できる。実際の研究例をもとに，研究法の基礎の紹介，研究計画立案のための背景や目的，具体的なデータ収集の手続き，R でのデータ分析，研究のまとめやコメントなどで詳しく紹介。